교대생을 위한

대학수학 10강

강홍재 지음

KYOWOO

머리말

P·R·E·F·A·C·E

이 책의 독자일 여러분들은 아마도 고등학교까지의 수학을 다른 사람보다 빠르게, 정확하게 문제를 해결하는 것이라는 실제적 가치관에 의해 학습해 왔을 것이다. 본래 그렇게 해서는 안 된다는 것은 직관적으로도 명백한 것이었음을 잘 알고 있었겠지만. 즉 고등학교 때까지 또는 대학진학을 준비할 때까지 수학의 개념이나 공식에 대하여 그것 자체를 곰곰이 들여다보는 것은 다분히 꺼리고, 다량의 문제를 빠르게 소화시키는 패턴의 지표로만 사용했을 것이다. 이러한 학습법에는 중요한 무엇인가가 빠져있다는 생각은, 또는 빠져있는 것 같다는 느낌은 대학에 들어올 능력을 가진 학생이라면 모두가 가졌을 것이다.

한편, 대학의 수학에서는 계산 문제가 있기는 하지만 그 수가 적고, 주로 정리(定理)나 공식들을 확실히 다지게 하기위한 기본적인 것들에 중점을 두고 있다. 고등학교 때까지의 학습법과는 그 길이 사뭇 다르다. 이것이 대학수학이 마냥 어렵다고만 하는 학생들이 나오는 가장 큰 이유 중의 하나이다.

사실 수학에서의 개념과 공식들은 짧은 시간에 만들어지지 않는다. 지금까지 여러분이 학습한 수학은 여러 세대에 걸쳐 만들어진 수학자들의 논의로 만들어진 결과물이다. 그렇기 때문에 수학을 어렵다고 느끼는 것은 어쩌면 당연한 것일 수도 있다. 따라서 여러 세대에 걸쳐 만들어진 수학의 개념들이 한 두 번의 짧은 도전으로는 자신의 것이 되지 못하는 것 또한 당연한 것일 수도 있다. 그러나 한 두 번의 짧은 도전으로 이해하지 못한다 하여 포기하는 것은 정말 어리석은 일이다. 2017년 2월 27일 이투데이에 실린 전북대 중문과 김병기교수의 '공부(工夫)와 공부(功夫)'는 우리에게 많은 것을 알려주고 있다.

공부란 도대체 무엇일까? 한국은 공부(工夫), 중국은 공부(功夫), 일본은 면강(勉强)이라고 표현한다. 일본의 면강은 글자 그대로 힘써 강하게 한다는 뜻이다. 그렇지만 이 勉强을 중국어에서는 '억지로, 마지못해'라는 의미로 사용한다.

중국어의 功夫는 원래 '시간, 틈'이라는 뜻이다. 지금도 '시간이 있다'는 표현을 '有功夫(you gongfu)'라고 한다. 중국 사람들은 공부를 얼마나 많은 시간을 투자하느냐의 문제로 인식하였다. 성과는 잔꾀로 만들어지는 것이 아니라, 정직하게 시간을 투자했을 때 얻게 되는 것이라고 믿었던 것이다. 특히, 연마하기 힘든 무술의 경우에는 누가 더 많은 시간을 수련에 투자했느냐에 따라 성과가 판이해진다는 것을 체득하였다. 그래서 '무술은 곧 시간이다'는 인식 아래 무술이라는 말 자체를 功夫로 표현하기에 이르렀다.

功夫는 중국어 발음으로 '쿵후'라고 읽는다. 이소룡이 잘했던 그 쿵후가 바로 그 쿵후인 것이다.

머리말

P·R·E·F·A·C·E

이러한 까닭에 중국에서는 지금도 학생들에게 공부하라는 말을 할 때면 '샤쿵후(下功夫)!', 즉 '시간을 투자하라!'고 한다. 시간을 투자한다는 것은 바로 공(功)을 들이고, 공을 쌓는다는 뜻이다. 夫는 어기조사일 따름이다.

우리나라는 중국어의 功夫를 빌려 사용하면서 글자만 工夫라고 달리 썼다. 工과 功은 서로 통용하는 통가자이기 때문에 工夫는 곧 功夫이다. 우리도 공부는 다름이 아니라, 정직하게 시간을 투자하는 일이라는 점을 인식했으면 좋겠다.

이 책은 교육대학교 1학년 교양수학을 위한 교과서로 적은 것이다. 어떻게 하면 많은 문제를 짧은 시간 안에 풀까에 대한 학생으로서의 습관에서 주어진 내용을 어떻게 하면 잘 가르칠 수 있을까에 대한 교사로서의 새로운 습관을 체득하도록 내용을 구성하고 싶었다. 수학이 중요하니 수학공부를 열심히 하라는 이상한 논리보다는 수학적 사실에 대해서 많은 고민과 깊은 생각을 권장한다. 어떤 수학적 내용에 대하여 깊이 생각해보고 그 내용의 적용에 대해서도 고민해 보라. 어떻게 해결할지 아이디어가 떠오를 것이다. 사실 수학에만 국한된 이야기가 아니다. 자신의 시각이 없다면 그건 정말로 재미없게 공부하는 것이고 그저 남의 생각을 받아들이는 것에 지나지 않는다. 이 책을 공부할 때, 아니 수학을 공부할 때 꼭 자신의 언어로 해석해 보라. 자신의 언어로 해석이 된다면 그 속에서 좋은 교수법도 함께 생산됨을 느낄 것이다.

영화 '투어리스트'에서 주인공 Johnny Depp의 직업은 수학선생님이다. 실제로 매력남 Johnny Depp에게 수학을 배운다면 수학 성적이 좋아질 것도 같다. 모두가 Johnny Depp이 될 수는 없지만 모두 열정을 가진 수학선생님은 될 수는 있다. 중요한 것은 학생이 수학에 재미를 느끼고 호기심을 가질 수 있도록 하는 것이다. Johnny Depp이 수학선생님이라 하더라도 그 재미와 호기심은 선생님으로부터 시작되는 것일 뿐이다.

이 책은 10개의 주제로 주당 두 시간 강의의 한학기용으로 구성하였다. 실제로 12개의 주제로 집필하였으나 한학기용으로는 분량이 조금 많다는 생각에 과감히 2개의 주제 '평면도형의 넓이'와 'Pappus-Guldin의 정리'를 삭제하였다. 저자는 최선을 다하여 책을 집필하였지만 뜻하지 않는 오류와 미비점이 발견될 수도 있을 것이다. 여러분들의 비판과 충고를 바란다.

마지막으로 기꺼이 출판에 응해주신 교우사 사장님과 보기 좋게 편집해 주신 편집자 분께 감사의 마음을 전한다.

2018년 1월 저자

C·O·N·T·E·N·T·S

목차

제 1 강 집합(Set)

Georg Cantor
(1845–1918)

수학의 모든 분야에 기본이 되는 집합론은 19세기 후반 G. Cantor에 의해 창시되었다고 말한다. 그는 1895년에 발표한 논문에서 집합의 정의를 '우리들의 사유나 직관의 대상으로서 확정되어 있고, 서로 명확히 구분되는 사물의 모임'이라고 하였다. 이 정의에 따르면 각 대상의 명확한 구별, 즉 불변성과 판별성이 보장되어야 하며 사고의 범위도 확정되어야 한다. 그러나 사실 집합에 대한 이론은 Cantor 이전에도 존재하였지만, 무한을 대상으로 하여 무한에도 여러 관계가 있다는 그의 이론은 당시로는 매우 혁명적이었다고 말할 수 있다. 이 강에서는 중등교육과정에서 학습한 집합에 대한 개념을 좀 더 확실하게 정리하기로 하자.

1. 집합의 의미와 기본 사항

수의 집합, 도형의 집합, 함수의 집합 등이 집합의 예로 해서 들 수 있다. 그러나 어떠한 모임이 집합이 되기 위해서는 생각하는 범위가 명확해야 하며, 각각의 요소가 구별되어야만 한다. 생각하는 범위 안에 있는 각각의 것들의 전체를 우리는 **집합**(set)으로 부르고 각각의 것을 **원소**(element) 또는 **원**이라 부른다.

x가 집합 A의 원소인 것을 $x \in A$로 쓰고 'x는 집합 A의 원소이다' 또는 'x는 집합 A에 속한다'라고 하고, x가 집합 A의 원소가 아닌 것을 $x \notin A$로 나타낸다. 일반적으로 원소는 a, b 등의 소문자로, 집합은 A, B 등의 대문자로 나타낸다. 특별히 수 집합은 다음과 같이 약속하여 사용하기로 한다.

$\mathbb{N}$: 자연수의 집합,
$\mathbb{Z}$: 정수의 집합
$\mathbb{Q}$: 유리수의 집합
$\mathbb{R}$: 실수의 집합
$\mathbb{C}$: 복소수의 집합

집합 A를 나타내는 방법으로는 $A=\{x, y, \cdots, z\}$처럼 A의 원소를 하나씩 나열하는 방법인 **원소나열법**(tabular form)과 $A=\{x \mid P(x)\}$처럼 A가 어떤 조건 $P(x)$를 만족하는 원소 x들의 전체로 하는 **조건제시법**(set-builder form)이 있다. 예를 들어 10이하의 자연수의 집합을 A라 한다면, 이 A는 다음과 같이 두 가지의 방법으로 나타낼 수 있다.

$$A=\{1, 2, 3, 4, 5, 6, 7, 8, 9, 10\}=\{1, 2, 3, \cdots, 10\}$$
$$A=\{x \mid 1 \le x \le 10,\ x \in \mathbb{N}\}$$

일반적으로, 원소의 개수가 유한개인 집합을 **유한집합**(finite set), 무한개인 집합을 **무한집합**(infinite set)이라고 한다. 무한집합의 경우 원소를 모두 나타낼 수 없고, 생략을 의미하는 기호(⋯)를 사용해도 표현할 수 없는 경우가 있다. 예를 들면 '0부터 10까지 실수 전체의 집합'을 조건제시법으로 나타내면

$$\{x \mid 1 \le x \le 10,\ x \in \mathbb{R}\}$$

으로 나타낼 수 있지만, 원소나열법으로는 이 집합을 나타낼 수 없다.

▌정의 1.1▐ 두 집합 A, B에 대하여 A의 모든 원소가 B의 원소일 때, 즉

$$x \in A \text{ 이면 } x \in B$$

일 때 A는 B의 **부분집합**(subset)이라 하고

$$A \subset B \text{ 또는 } B \supset A$$

로 나타낸다. 이때 '집합 A는 집합 B에 포함된다.' 또는 '집합 B는 집합 A를 포함한다.'고 한다.

수학에서는 하나의 집합 U를 고정해 두고, 그 집합의 부분집합에 대하여 논할 때가 있다. 예를 들면 '약수'와 '배수'는 정수의 집합 $\mathbb{Z}$에서의 개념이다. 즉 약수 또는 배수를 생각할 때는 $\mathbb{Z}$안에서 생각하는 것이다. 이와 같이 고정한 집합을 **전체집합**(Universal set)이라 하고 일반적으로 U로 나타낸다.[1)]

---

1) 일반적으로 전체집합을 U로 나타내는 것은 전체집합의 영어 표현인 Universal set의 첫 문자를 사용하기 때문이다.

원소를 하나도 가지지 않는 집합을 **공집합**(empty set)이라 하고 $\varnothing$, Ø 또는 $\{\quad\}$로 나타낸다. 그리고 $\varnothing$은 임의의 집합 A의 부분집합이다.[2)]

▌정리 1.2▐ 집합의 포함 관계에 대하여 다음이 성립한다.

(1) $A \subset A$

(2) $A \subset B,\ B \subset C$ 이면 $A \subset C$

증명은 정의 1.1로부터 쉽게 할 수 있기 때문에 생략하기로 한다.

▌정의 1.3▐ 두 집합 A, B에 대하여

$$A \subset B \text{ 이고 } B \subset A$$

일 때, '두 집합 A, B는 서로 같다.' 또는 '두 집합 A, B는 상등(相等)이다.'라고 하고 $A = B$로 나타낸다.

▌정리 1.4▐ 집합의 상등 관계에 대하여 다음이 성립한다.

(1) $A = A$

(2) $A = B$ 이면 $B = A$

(3) $A = B,\ B = C$ 이면 $A = C$

2. 집합의 연산

▌정의 1.5▐ 전체집합 U의 부분집합 A, B에 대하여 다음을 정의한다.

(1) **합집합** : $A \cup B = \{x \mid x \in A \text{ 또는 } x \in B\}$

(2) **교집합** : $A \cap B = \{x \mid x \in A \text{ 그리고 } x \in B\}$

(3) **차집합** : $A - B = \{x \mid x \in A \text{ 그리고 } x \notin B\}$

(4) A의 **여집합** : $A^c = \{x \mid x \notin A\} = U - A$[3)]

---

2) 공집합의 기호 $\varnothing$는 0과 다르다는 의미를 나타내는 것이다. 수의 계산에서 0이 중요한 역할을 담당하듯 집합의 연산에서는 $\varnothing$이 중요한 역할을 한다. $\varnothing$는 그리스 문자 ϕ가 아니다. 고교과정의 수학 사습서 등에서 공집합의 기호로 ϕ를 사용하고 있으나 사실 엄밀히 구분해야 한다.

3) 집합 A의 여집합 A^c의 첨자 c는 여집합의 영어 표현인 complement set의 첫 문자 c를 가져온 것이다.

문제 1.6 ▌ $A \cap B = B \cap A$임을 증명하라.

[증명] $x \in A \cap B$라 하면 $x \in A$이고 $x \in B$이므로 $x \in B$ 그리고 $x \in A$이다.
따라서 $x \in B \cap A$이므로 $A \cap B \subset B \cap A$이다.
역으로, $x \in B \cap A$라 하면 $x \in B$이고 $x \in A$이므로 $x \in A$ 그리고 $x \in B$이다.
따라서 $x \in A \cap B$이므로 $B \cap A \subset A \cap B$이다.
그러므로 정의 1.3에 의하여 $A \cap B = B \cap A$이다.

아마도 위의 증명이 아주 생소할 것이다. 증명의 단계를 하나씩 생각해보자. 문제는 $A \cap B = B \cap A$를 밝히는 것, 즉 두 집합 $A \cap B$와 $B \cap A$가 서로 같다는 것을 증명하라는 것이다. 따라서 우리는 정의 1.3에 따라 $A \cap B \subset B \cap A$와 $B \cap A \subset A \cap B$를 증명하면 된다. 그 다음의 단계가 $A \cap B \subset B \cap A$임을 보이는 것이다. 이것은 $A \cap B$이 $B \cap A$의 부분집합인가를 묻고 있는 것이다. 따라서 부분집합에 대한 정의 1.1을 보면 $x \in A$이면 $x \in B$일 때 A는 B의 부분집합이다. 그러므로 $A \cap B$에 속하는 임의의 원소 x가 $B \cap A$의 원소가 됨을 보이면 된다. 이 내용이 문제 1.6의 증명에서 위의 두 줄을 의미한다. 동일한 방법으로 $B \cap A \subset A \cap B$를 보이면 되는 것이다. 이러한 단계가 익숙해지면 문제 1.6의 증명을 아래와 같이 할 수도 있다.

[문제 1.6의 증명]
$$\begin{aligned} x \in A \cap B &\Rightarrow x \in A \text{ 그리고 } x \in B \\ &\Rightarrow x \in B \text{ 그리고 } x \in A \\ &\Rightarrow x \in B \cap A \\ x \in B \cap A &\Rightarrow x \in B \text{ 그리고 } x \in A \\ &\Rightarrow x \in A \text{ 그리고 } x \in B \\ &\Rightarrow x \in A \cap B \end{aligned}$$
그러므로 $A \cap B = B \cap A$이다.

증명에서의 기호 $\Rightarrow$는 왼쪽에서 오른쪽으로 진행하는 것이 참일 때 사용하는 기호이다. 즉 $x \in A \cap B$이면 $x \in A$ 그리고 $x \in B$가 참이라는 것이다.

두 번째 정리된 것을 잘 살펴보면 첫 번째 정리된 것의 순서를 뒤집은 것과 똑 같다. 화살표의 방향이 거꾸로 된 것이라 생각하면 더 쉽다. 이것을 알면 우리는 문제 1.6의 증명을 다음과 같이 조금 더 간결하게 할 수 있다. 증명에서 보이는 기호 $\Leftrightarrow$는 **필요충분조건**을 나타낸다. 이러한 기호들은 2강에서 공부한다.

[문제 1.6의 증명] $x \in A \cap B \Leftrightarrow x \in A$ 그리고 $x \in B$

$\Leftrightarrow x \in B$ 그리고 $x \in A$

$\Leftrightarrow x \in B \cap A$

그러므로 $A \cap B = B \cap A$이다.

집합에 대한 정리나 문제 등을 증명할 때 고교과정에서는 Venn 다이어그램을 그려서 직관적으로 확인을 하는 정도로 학습의 범위를 정하였지만 엄격한 논리로 이는 완벽한 증명이 되지 못한다. 이는 Venn 다이어그램으로 증명을 할 경우 주어진 집합의 다양한 경우를 모두 나타내어 증명한 것이 아니기 때문이다. 두 개의 집합 A, B 사이의 관계는 [그림 1.1]에서처럼 5가지의 경우를 생각할 수 있다.

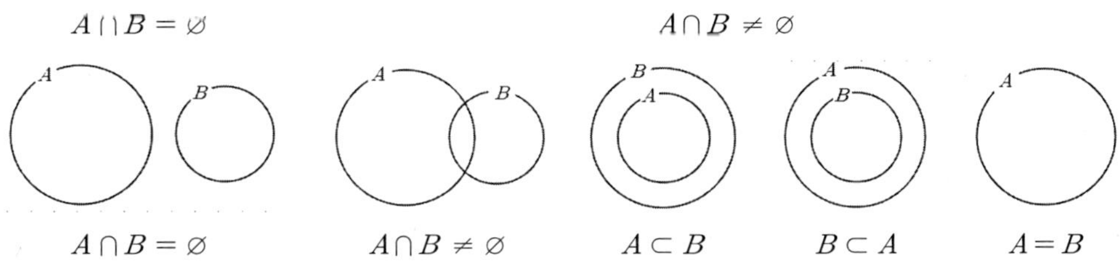

[그림 1.1] 두 집합 A, B 사이의 관계

문제 1.6의 경우를 Venn 다이어그램을 그려서 확인을 하려면 [그림 1.1]의 5가지 경우를 모두 생각해야 한다. 지금은 제시된 경우 모두 직관에 의해서 쉽게 확인할 수도 있지만, 집합이 3개 이상 등장하면 사실상 모든 경우를 생각한다는 것은 필요이상의 부담이 따르기 마련이다. 따라서 두 집합이 서로 같다는 정의 1.3을 이용하여 증명하는 것이다.

여기서 조금 쉬어가자. 아마도 집합이 2개 또는 3개일 경우의 벤 다이어그램은 바로 머릿속에 떠오를 것이다. 그러면 집합이 4개일 경우의 벤 다이어그램은 어떻게 그려질까?

문제 1.7 ▌ $A - B = A \cap B^c$임을 증명하라.

[증명] $x \in (A - B) \Leftrightarrow x \in A$ 그리고 $x \notin B$

$\Leftrightarrow x \in (A \cap B^c)$

그러므로 $A - B = A \cap B^c$이다.

여집합의 특별한 경우로 전체집합 U의 여집합은 $\varnothing$이고, $\varnothing$의 여집합은 U이 된다. 즉 $U^c = \varnothing$, $\varnothing^c = U$이다.

예제 1.8 ▌ $(A^c)^c = A$임을 증명하라.

[증명] $x \in (A^c)^c$라 하면 $x \notin A^c$이므로 $x \in A$이다. 따라서 $(A^c)^c \subset A$이다.
역으로, $x \in A$라 하면 $x \notin A^c$이므로 $x \in (A^c)^c$이다. 따라서 $A \subset (A^c)^c$이다.
그러므로 정의 1.3에 의하여 $(A^c)^c = A$이다.

예제 1.8을 정의 1.5의 (4)를 이용하여 다음과 같이 간단하게 증명할 수도 있다.

$$(A^c)^c = (U - A)^c = U - (U - A) = A$$

▌정리 1.9▌ 전체집합 U의 부분집합 A에 대하여 다음이 성립한다.

(1) $A \cup \varnothing = A$, $A \cap \varnothing = \varnothing$

(2) $A \cup U = U$, $A \cap U = A$

(3) $A \cup A^c = U$, $A \cap A^c = \varnothing$

정리 1.9는 직관적으로도 알 수 있으므로 증명은 생략하기로 한다.

▌정리 1.10▌ 전체집합 U의 부분집합 A, B, C에 대하여 다음이 성립한다.

(1) 멱등법칙[4) : $A \cup A = A$, $A \cap A = A$

(2) 교환법칙 : $A \cup B = B \cup A$, $A \cap B = B \cap A$

(3) 결합법칙 : $A \cup (B \cup C) = (A \cup B) \cup C$
$A \cap (B \cap C) = (A \cap B) \cap C$

(4) 분배법칙 : $A \cap (B \cup C) = (A \cap B) \cup (A \cap C)$
$A \cup (B \cap C) = (A \cup B) \cap (A \cup C)$

---

4) 수학에서의 용어 멱등성(冪等性, idempotence)을 간단하게 말하면 어떤 조작을 한 번 시행하여도 여러 번 시행하여도 그 결과가 같은 것을 말하는 개념이다. 위의 정리 1.10의 (1)에서 두 집합을 합하는 조작 $\cup$를 한 번하여도 여러 번하여도 그 결과는 항상 A로 그 결과가 항상 같다. 한자 멱(冪)은 거듭제곱을 의미한다. idempotence는 라틴어 idem(same)과 potere(power)로부터 유래되었다. power도 수학에서 거듭제곱을 의미한다. '2 to the power of 3 is 2^3.'를 살펴보면 power의 의미를 잘 알 수 있다.

[증명] (4) 분배법칙의 증명

$x \in A \cap (B \cup C)$라 하면 $x \in A$ 그리고 $x \in (B \cup C)$이다.

그리고 $x \in (B \cup C)$에서 $x \in B$ 또는 $x \in C$이다.

그러므로 $x \in B$이면 $x \in A$이므로 $x \in A \cap B$이고,

$x \in C$이면 $x \in A$이므로 $x \in A \cap C$이다.

따라서 $x \in (A \cap B) \cup (A \cap C)$이므로 $A \cap (B \cup C) \subset (A \cap B) \cup (A \cap C)$이다.

역으로, $x \in (A \cap B) \cup (A \cap C)$라 하면 $x \in A \cap B$ 또는 $x \in A \cap C$이다.

그러므로 $x \in A \cap B$이면 $x \in A$ 그리고 $x \in B$이고,

$x \in A \cap C$이면 $x \in A$ 그리고 $x \in C$이다.

따라서 $x \in A \cap (B \cup C)$이므로 $(A \cap B) \cup (A \cap C) \subset A \cap (B \cup C)$ 이다.

그러므로 정의 1.3에 의하여 $A \cap (B \cup C) = (A \cap B) \cup (A \cap C)$이다.

■

문제 1.11 $(A-B) \cap (B-A)$를 간단히 나타내어라.

[풀이]

$$
\begin{aligned}
(A-B) \cap (B-A) &= (A \cap B^c) \cap (B \cap A^c) \\
&= [(A \cap B^c) \cap B] \cap A^c && \text{(결합법칙)} \\
&= [A \cap (B^c \cap B)] \cap A^c && \text{(결합법칙)} \\
&= (A \cap \varnothing) \cap A^c && \text{(정리 1.9.(3))} \\
&= \varnothing \cap A^c && \text{(정리 1.9.(1))} \\
&= \varnothing && \text{(정리 1.9.(1))}
\end{aligned}
$$

그러므로 $(A-B) \cap (B-A) = \varnothing$ 이다.

정리 1.12 전체집합 U의 부분집합 A, B에 대하여 다음이 성립한다.

$$(A \cap B)^c = A^c \cup B^c, \ (A \cup B)^c = A^c \cap B^c \quad \text{(De Morgan[5]의 법칙)}$$

[증명]

$$
\begin{aligned}
x \in (A \cap B)^c &\Leftrightarrow x \not\in (A \cap B) \\
&\Leftrightarrow x \not\in A \text{ 또는 } x \not\in B \\
&\Leftrightarrow x \in A^c \text{ 또는 } x \not\in B^c \\
&\Leftrightarrow x \in A^c \cup B^c
\end{aligned}
$$

그러므로 $(A \cap B)^c = A^c \cup B^c$이다.

■

5) Augustus De Morgan(1806-1871)은 수학적 귀납법이라는 용어를 소개한 영국의 수학·논리학자이다. 그는 16살 때 Trinity College 수학과에 입학하고, 22살에 UCL(University College London)의 교수가 된다.

문제 1.13 ▌ 다음이 성립함을 증명하여라.

(1) $(A-B)^c = A^c \cup B$
(2) $\left[A \cap (A \cup B)^c\right] = \varnothing$
(3) $\left[(A \cap B) \cup (A \cap B^c)\right] = A$
(4) $\left[(A \cup B) \cap (A^c \cup B)\right] = B$
(5) $(A-B)-C = A-(B \cup C)$
(6) $A-(B \cup C) = (A-B) \cap (A-C)$
(7) $A \cap B \cap (C \cup D) = (A \cap B \cap C) \cup (A \cap B \cap D)$
(8) $(A \cup B \cup C)^c = A^c \cap B^c \cap C^c$
(9) $(A \cap B \cap C \cap D)^c = A^c \cup B^c \cup C^c \cup D^c$

3. Doodle

John Venn
(1834-1923)

어떤 사실에 대한 내용을 그림으로 나타내면 직관적으로 매우 쉽게 이해되는 경우가 많다. 그림에 충분한 양의 정보가 들어있는 경우에는 그림만을 제시함으로써 증명이 되는 경우도 있다. 여러분들이 잘 알고 있는 Venn 다이어그램은 영국의 J. Venn이 만든 서로 다른 유한집합 사이에 일어날 수 있는 모든 논리적 관계를 알기 쉽게 원으로 나타낸 그림이라 설명할 수 있다. 수학자 Venn이 다이어그램을 활용하기 전까지는 사고의 내용을 무시하고 추리의 형식상 타당성이 성립하는 여부를 연구하는 논리학인 형식논리에서 도형이나 다이어그램을 사용하는 것은 아주 드문 일이었다. 당시에 이미 L. Euler(1707-1783)의 다이어그램이 존재했지만 Venn의 다이어그램과는 다소 차이가 있었고 Venn이 훨씬 구체적이고 논리적으로 다이어그램을 활용했기 때문에 사람들은 그의 이름을 붙여 Venn 다이어그램이라고 불렀다. 이 Venn 다이어그램은 확률, 논리, 통계, 언어학 및 컴퓨터 과학에서 간단한 집합 관계를 설명할 뿐만 아니라 기본적인 집합 이론을 가르칠 때 사용된다.

Venn과 Euler 다이어그램에 대하여 아주 조금만 살펴보기로 하자. Venn 다이어그램은 Euler 다이어그램보다 더 제한적인 형태이다. 간단한 예를 들어 설명해보자. 집합 A가 집합 B의 부분집합인 것을 Euler 다이어그램은 [그림 1.2]로 나타낸다. 그러나 Venn 다이어그램은 [그림 1.3]으로 나타낸다. 검은 색 부분은 원소가 없다는 것을 의미한다. (이게 Venn 다이어그램이라고? 하고 놀라겠지만 이게 원래의 것이다. 그렇다. 현대 수학에서는 필요에 따라 Eulcr 다이어그램의 일부를 Vcnn 다이어그램이라고도 부른다.)

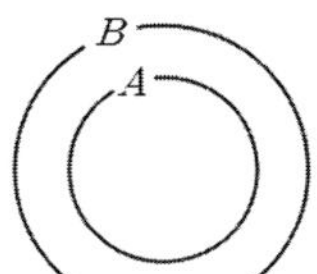

[그림 1.2] Euler 다이어그램

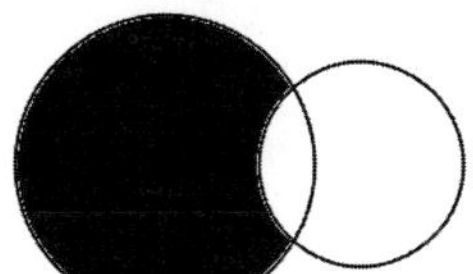

[그림 1.3] Venn 다이어그램

3개의 집합에 대한 예를 들면 다른 점이 조금 더 명확해진다. 다음과 같이 3개의 집합을 생각해보자.

$$A=\{1,\ 3,\ 5,\ 7\},\ B=\{1,\ 3,\ 6\},\ C=\{2,\ 4\}.$$

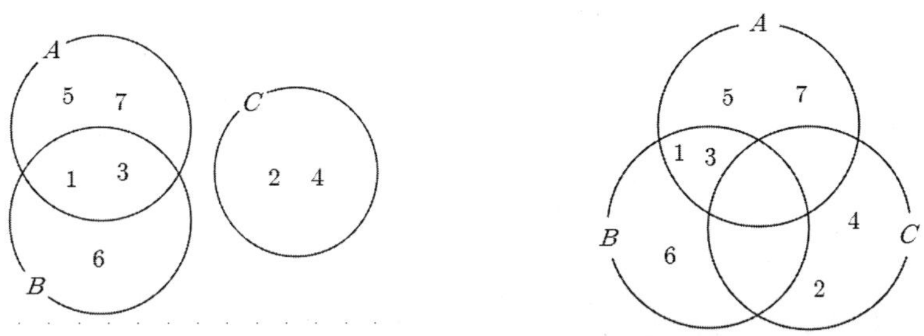

Euler 다이어그램 Venn 다이어그램

[그림 1.4] 3개의 집합에 대한 Euler와 Venn 다이어그램

Venn 다이어그램은 어떤 원소가 각각의 집합에 속하는지 그렇지 않은지에 대한 모든 가능성에 대하여 영역을 대응시킨 것이다. 즉 n개의 집합에 대한 Venn 다이어그램은 논리적으로 가능한 2^n개의 영역을 가진다. 그러나 Euler 다이어그램은 반드시 2^n개의 영역을 가진다고 말할 수 없다. $n=3$으로 [그림 1.4]에 적용해보면 쉽게 알 수 있다.

잠시 쉴 때의 문제 '집합이 4개일 경우의 Venn 다이어그램은?' 아마도 모두 아래의 [그림 1.5]를 생각하였을 것이다. 그러나 실제로는 [그림 1.6]이 정답이다. 집합이 4개이므로 $2^4 = 16$개의 영역이 존재해야 한다. 아래의 그림을 잘 살펴보면 [그림 1.5]는 영역이 14개, [그림 1.6]은 영역이 16개이다.

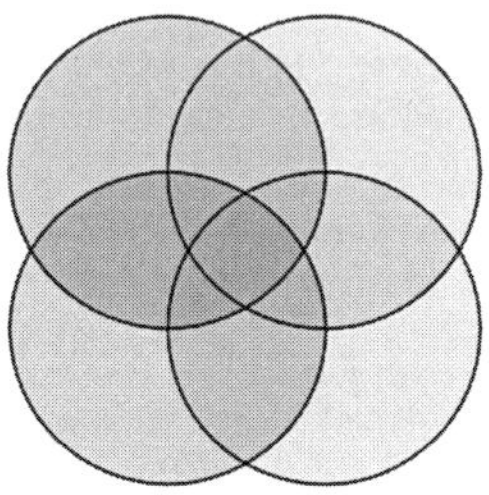

[그림 1.5]

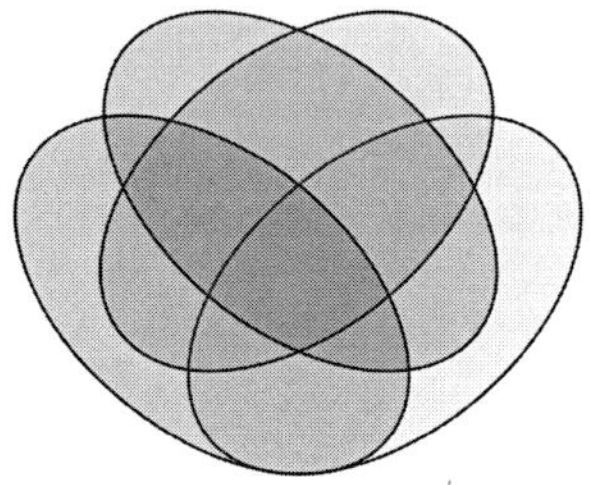

[그림 1.6]

[그림 1.7]은 1834년 8월 14일 태어난 J. Venn을 기념하기위해 만든 2014년 8월 14일의 Google의 로고이다.

[그림 1.7] 2014년 8월 14일의 Google의 로고

Google이 나왔고 여백도 있어 조금 더 Doodle!

googol이라는 것이 10^{100}을 의미한다는 것을 아는 사람은 많지 않다. 물론 수학적으로 의미가 있는 수는 아니다. 1920년에 9살의 어린 아이가 만들었다고 하니 그렇게 오래된 수도 아니다. 그런데 잘 알려져 있지 않았던 이 수가 세상에 알려지게 된 것은 모두의 예상처럼 검색 엔진 Google때문이다. 철자를 잘못 입력하여 만들어진 Google은 매우 큰 규모의 검색 엔진을 구축하려는 목표에 부합한다고 창업자 Larry Page와 Sergey Brin은 이 이름을 좋아한다고 전해진다.

▶▶ 연습문제 1

1. 다음이 참인지 거짓인지를 밝히고 그 이유를 설명하시오.

① $\{5\} \in \{1, 2, 3, 4, 5\}$　　② $6 \subset \{3, 6, 9, 12\}$　　③ $\{\varnothing\} \subset \{\ \}$

2. 집합 $A = \{\varnothing, \{\varnothing\}\}$에 대하여 다음이 참인지 거짓인지를 밝히시오.

① $\varnothing \in A$　　② $\varnothing \not\subset A$　　③ $\{\varnothing\} \in A$　　④ $\{\varnothing\} \subset A$　　⑤ $\{\{\varnothing\}\} \subset A$

3. $A \subset B$, $B \subset C$이고, $a \in A$, $b \in B$, $c \in C$, $d \notin A$, $e \notin B$, $f \notin B$이다. 다음 중에서 반드시 옳은 것은?

① $a \in C$　　② $b \in A$　　③ $c \notin A$　　④ $d \in B$　　⑤ $e \notin A$　　⑥ $f \notin A$

4. 다음 중 집합 A, B, C에 대하여 $(A \cup C) - (B \cup C)$와 서로 같은 집합은?

① $A - (B \cup C)$　　② $A - (B \cap C)$　　③ $A - (B - C)$　　④ $A - (C - B)$

5. 집합 $A = \{1, 2, 3, 4, 5, 6, 7\}$이고 집합 B는 자연수의 집합 $\mathbb{N}$의 부분집합이다. $(A \cup B) \cap (A^c \cup B^c) = \{4, 5, 6, 9, 10\}$일 때, 집합 B의 원소의 개수를 구하시오.

6. 전체집합 U의 두 부분집합 A, B에 대하여 다음을 푸시오.

① $(A \cap B^c) \cup (A^c \cap B) = \varnothing$ 일 때, A, B의 포함관계는?

② 집합 $[(A \cap B) \cup (A \cap B^c)] \cup [(A^c \cap B) \cup (A^c \cap B^c)]$를 간단히 하면?

7. Google에서 Venn 다이어그램을 검색하면 유머를 담은 [그림 1.8]을 볼 수 있다. 출제자의 입장에서 문항의 오류를 찾으시오.

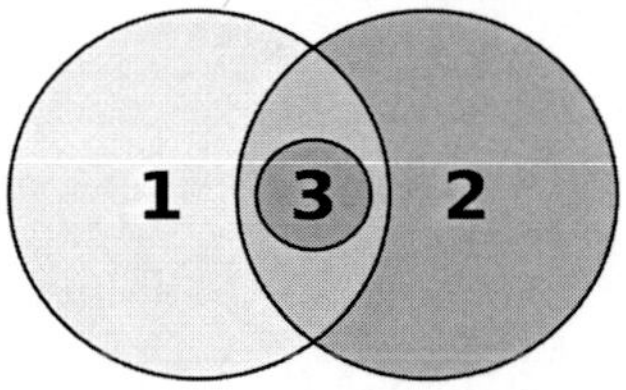

1. People who know what a Venn diagram

2. People who know what an Euler diagram

3. People who know the difference

[그림 1.8] 유머를 담은 Venn 다이어그램

제2강 논리(logic) I

논리학은 추론을 명확하게 하기위해 연구되어온 학문이다. Aristoteles의 매우 철학적인 고전논리학과 19세기 후반에 급속히 발전한 분석적이고 기호적인 기호논리학으로 대변된다. 기호논리학은 수학 전반에 사용되는 논리적 추론을 수학적 기호를 사용하여 연구하는 분야로 수학교육에서도 기호논리학의 개념은 논리적 사고력[6]의 육성이라는 관점에서 중요한 역할을 한다.

1. 명제(statement)

논리에서의 시작은 명제라는 개념이다. **명제**란 참 또는 거짓을 판단할 수 있는 문장이나 식을 의미한다. 사실 명제는 참인지 거짓인지 바로 판단할 수 있는 것도 있고, 판단하기위해 약간의 수고가 필요한 경우도 있으며 어떤 경우는 결론을 내릴 수 없는 것도 있다. 예를 들면, '삼각형은 아름답다.', '선생님은 멋있다.'에서 '아름답다'와 '멋있다'는 상대적이므로 참 또는 거짓을 판단할 수가 없다. 따라서 이들은 명제가 아니다. 반면, '서울은 대한민국의 수도이다.'는 참인 명제이고, '$3+2=4$'는 거짓인 명제이다. 그러나 '$\sqrt{2}$를 무한소수로 나타내었을 때, 소수점 아래 500번째 자리의 수는 5이다.' 또는 '신사임당의 생일은 1504년 3월 5일이다.'와 같은 것은 참인지 거짓인지 바로 판단할 수 없지만 참 또는 거짓임에는 분명하다.

위에서처럼 명제의 내용은 수학적인 것도 있고 그렇지 않은 것도 있다. 논리는 명제가 참인지 거짓인지에 기반을 두고 논의하는 것이지 명제의 내용은 고려 대상이 아니다. 논리에서 중요한 것은 2개 이상의 명제를 합성해서, 처음 명제의 참, 거짓으로 합성한 명제의 참 또는 거짓을 판정하는 것이다. 그리고 이 교재에서는 명제란 수학적 사실을 기술한 문장이나 식으로 제한하여 생각하기로 하자.

---

6) 2015 개정 수학과 교육과정에 따른 교사용지도서(66쪽)에서는 '수학적 사고의 방법'을 다음과 같이 설명하고 있다. '수학적 지식은 수학 활동의 결과이고, 수학적 사고는 수학 활동의 과정이다. 수학적 사고는 수학적인 문제 상황을 해결하기 위한 사고라고 할 수 있다. 수학적 사고는 내용과 관련한 집합적 사고, 함수적 사고, 도형적 사고, 통계적 사고 등과 내용과는 상관없는 기능적 측면에서의 직관과 논리, 가역적 사고, 귀납적 사고, 연역적 사고, 유추적 사고 등으로 나누어 생각할 수 있다. 여러분들이 2학년부터의 교직과목에서 확실하게 공부해야 할 부분이다.

어떤 명제의 참(true), 거짓(false)을 그 명제의 **진릿값**(truth value)이라 하며, 이들을 각각 True와 False의 첫 문자를 따서 T, F로 나타낸다. 또한 T, F를 사용하여 명제의 진릿값을 나타낸 표를 **진리표**(truth table)라 한다. 그리고 단일한 명제를 **단순명제**(primary statement), 두 개 이상의 명제가 결합된 것을 **합성명제**(compound statement)라 부를 것이다.

단순명제를 p, q, r 등으로 나타내기로 한다. 합성명제를 구성하는 방법에는 여러 가지가 있으나 기본이 되는 5가지의 결합기호를 사용하여 만들어 진다. 따라서 이 강에서는 이에 관하여 상세하게 설명하기로 한다.

1) 부정명제(Negation)

p를 하나의 명제라 할 때 'p가 아니다.'라는 문장은 p가 참일 때 거짓이 되고, p가 거짓일 때 참이 된다. 따라서 'p가 아니다.'라는 문장도 명제이다. 'p가 아니다.'를 기호로 $\sim p$라 나타내고, 이를 p의 **부정명제**라고 한다. 부정명제에 관한 참과 거짓은 <표 2.1>과 같이 정의한다. <표 2.1>의 첫째 열은 명제 p에 관한 두 가지 가능한 진릿값 T와 F를 나타내고 각 행은 이에 대응되는 진릿값을 나타낸 것이다.

〈표 2.1〉

p	$\sim p$
T	F
F	T

예제 2.1

(1) '$4 > \log_2 9$'의 부정은 '$4 \le \log_2 9$'이다.

(2) '$\sqrt{2}$는 유리수이다.'의 부정은 '$\sqrt{2}$는 유리수가 아니다.'이다.

일반적으로 '$\sqrt{2}$는 유리수가 아니다.'는 다른 용어를 사용해 긍정문으로 '$\sqrt{2}$는 무리수이다.'와 같이 나타내는 경우가 많다.

$\sim(\sim p)$는 어떨까? 만약 명제 p가 참이라면 $\sim p$는 거짓이다. 다시 이를 부정하면 참이 된다. 만약 명제 p가 거짓이라면 $\sim p$는 참이다. 다시 이를 부정하면 거짓이 된다. 즉 하나의 명제와 이 명제의 이중부정[7]은 같은 진릿값을 가진다.

2) 논리곱(Conjunction, logical product)

두 명제 p, q에 대하여 'p이고 q이다.'라는 합성명제를 생각해 보자. 예를 들면

p : 바람이 분다. q : 비가 내린다.

라고 할 때, 'p 이고 q이다.'의 문장은 '바람이 불고 비가 내린다.'로 된다. 이 합성명제는 다음과 같은 4가지의 논리적 가능성이 있다.

① p가 참이고 q도 참이다.
② p가 참이고 q는 거짓이다.
③ p가 거짓이고 q는 참이다.
④ p가 거짓이고 q도 거짓이다.

따라서 '이고'가 가지고 있는 일반적인 의미로 위의 4가지 논리적 가능성의 참과 거짓을 판단하면, 두 명제 p, q가 모두 참일 때만 참이 되고 나머지 경우는 모두 거짓이 된다.

▌정의 2.2▐ 두 명제 p, q에 대하여 합성명제 $p \wedge q$를 p와 q의 **논리곱**이라 하고 'p and q' 또는 'p 이고 q'라 한다.

p와 q의 논리곱인 합성명제 $p \wedge q$의 진릿값은 <표 2.2>와 같이 정의한다. <표 2.2>는 명제 p, q에 관한 $2^2 = 4$가지의 가능한 진릿값을 나타내고 각 행은 이에 대응되는 진릿값을 나타낸 것이다.

〈표 2.2〉

p	q	$p \wedge q$
T	T	T
T	F	F
F	T	F
F	F	F

7) 이중부정의 원칙은 이가(二價)논리의 경우에는 성립하지만, 다른 분야에서 사용되는 다가(多價)논리에는 적용되지 않는 경우가 있기 때문에 사용할 때 주의가 필요하다.

3) 논리합(Disjunction, logical sum)

두 명제 p, q에 대하여 'p 또는 q이다.'라는 합성명제를 생각해 보자. 논리곱의 경우와 똑 같은 예를 들면, 'p 또는 q이다.'의 문장은 '바람이 불거나 비가 내린다.'로 된다. 이 합성명제 또한 다음과 같은 4가지의 논리적 가능성이 있다.

① p가 참이고 q도 참이다.
② p가 참이고 q는 거짓이다.
③ p가 거짓이고 q는 참이다.
④ p가 거짓이고 q도 거짓이다.

일상에서 'p 또는 q'는 2가지로 해석될 수 있다. 적어도 하나가 일어난다는 의미로 사용되기도 하고, 둘 가운데 어느 하나만 일어난다는 의미로 사용될 수도 있다[8]. 따라서 우리는 '또는'의 의미를 명확하게 규정해야만 하는데 애매모호한 상황을 싫어하는 수학에서는 '또는'을 '적어도 한 쪽'의 뜻으로 사용한다. 따라서 이러한 의미로 4가지 논리적 가능성의 참과 거짓을 판단하면, 두 명제 p, q가 모두 거짓일 때만 거짓이 되고 나머지 경우는 모두 참이 된다.

| 정의 2.3 | 두 명제 p, q에 대하여 합성명제 $p \vee q$를 p와 q의 **논리합**이라 하고 'p or q' 또는 'p 또는 q'라 한다.

p와 q의 논리합인 합성명제 $p \vee q$의 진릿값은 <표 2.3>과 같이 정의한다.

〈표 2.3〉

p	q	$p \vee q$
T	T	T
T	F	T
F	T	T
F	F	F

8) 예를 들면 '나는 오늘 저녁에 A드라마 또는 B드라마를 볼 것이다.'라 할 때, 일반적으로 이 경우의 '또는'은 두 드라마 중에서 하나를 택한다는 것을 의미한다. 이와 같은 의미에서의 '또는'은 또 다른 논리기호($\veebar$)를 사용한다. 이 내용은 여기까지.

4) 조건문(Conditional Statement)

두 명제 p, q에 대하여 'p이면 q이다.'라는 합성명제를 생각해 보자. 예를 들면

p : 바람이 분다. q : 비가 내린다.

라고 할 때, 'p이면 q이다.'의 문장은 '바람이 불면 비가 내린다.'로 된다. 이 합성명제 또한 논리합, 논리곱과 마찬가지로 4가지의 논리적 가능성이 있다.

'p이면 q이다.'는 'p이면 반드시 q가 된다' 즉 'p이지만 q가 아닌 경우는 일어날 수 없다'의 뜻으로 해석할 수 있다. 따라서 논리적 가능성의 ①은 참이어야 하고 ②는 거짓이어야 한다. 하지만 ③과 ④는 그 진릿값을 판단하기가 약간 곤란하다. 그러나 우리는 참과 거짓 중 어느 하나로 판단을 해야 하기 때문에 '바람이 불지 않을 경우'는 아무런 제약이 없으므로 비가 내리든지 내리지 않든지 어떤 경우든 참으로 하는 것이 타당할 것이다. 따라서 'p이면 q이다.'의 진릿값을 <표 2.4>와 같이 정의한다.

〈표 2.4〉

p	q	$p \to q$
T	T	T
T	F	F
F	T	T
F	F	T

이 정의에 따르면 명제 'p이면 q이다.'는 우리의 일상에서 사용하는 그것과는 조금 다르다. 일상에서 'p이면 q이다.'라고 했을 때는 p가 참이면 q도 항상 참임을 의미하고, p가 거짓일 경우는 무의미하여 생각지도 않는다. 그렇지만 기호논리학에서는 4가지의 논리적 가능성을 생각해야하므로 가능성의 각각에 진릿값을 대응시킨 것이다. 따라서 p가 거짓인 경우 $p \to q$는 항상 참이라고 생각하면 된다. 예를 들어, 명제 p는 '$5-2 \le 0$'이고, 명제 q는 'π는 무리수이다.'라고 할 때 조건문 $p \to q$는 '$5-2 \le 0$이면 π는 무리수이다.'이다. 이 합성명제는 조금 어색하기는 하지만 정의에 따르면 참인 명제이다.

❙ 정의 2.4 ❙ 두 명제 p, q에 대하여 합성명제 $p \to q$를 p와 q의 **조건문**이라 하고 'p이면 q'라 한다. 그리고 p를 **가정** 또는 전제, q를 **결론**이라고 한다.

5) 쌍조건문(Biconditional Statement)

▌정의 2.5▐ 두 조건문 $p \to q$와 $q \to p$에 대하여 $(p \to q) \wedge (q \to p)$를 p와 q의 **쌍조건문**이라 하고 $p \leftrightarrow q$로 나타낸다. 이를 q일 때 한해서 p라 읽는다.

쌍조건문 $p \leftrightarrow q$의 진릿값은 <표 2.5>과 같이 정의한다. 두 명제 p, q의 진릿값이 같을 때 참이 되고, 다를 때 거짓이 된다.

〈표 2.5〉

p	q	$p \leftrightarrow q$
T	T	T
T	F	F
F	T	F
F	F	T

쌍조건문 $p \leftrightarrow q$의 진릿값을 <표 2.5>와 같이 정의하여 사용하는 교재도 있지만, 정의 2.5에서의 합성명제 $(p \to q) \wedge (q \to p)$를 사용하여 예제 2.6에서처럼 쌍조건문의 진릿값을 얻을 수도 있다.

예제 2.6 ▌ 합성명제 $(p \to q) \wedge (q \to p)$를 사용하여 쌍조건문의 진릿값을 구하시오.

p	q	$(p \to q)$	$\wedge$	$(q \to p)$	$p \leftrightarrow q$
T	T	T	T	T	T
T	F	F	F	T	F
F	T	T	F	F	F
F	F	T	T	T	T
step		1	2	1	3

일반적으로 $\sim$, $\vee$, $\wedge$, $\to$, $\leftrightarrow$를 **논리연산자**(logic operator)라 부른다. 이 논리연산자를 마음대로 결합한 $p \vee \wedge q$나 $\sim \wedge p \to (\leftrightarrow q)$ 등은 합성명제가 아님에 주의하도록 하자.

지금까지 학습한 기본적인 명제의 진리표를 사용하면 합성명제의 진릿값을 쉽게 구할 수 있다. 그러나 복잡한 합성명제의 진리표를 만들 때에는 처리하는 순서가 중요하다. 간단한 예를 들면 $\sim p \to q$에서 조건문 $p \to q$를 먼저 생각한 후 부정을 처리하는지, 아니면 $\sim p$를 먼저 생각한 후 조건문을 처리하는지 알 수가 없다. 그러나 실제로 이 경우는 $\sim p$를 먼저 생각한 후 조건문을 처리해야 한다. 사실 이러한 처리 순서를 위해서는 또 다른 몇 가지의 약속이 우리에게 필요하다. 그런데 이러한 약속이 없이도 우리는 무의식적으로 괄호의 안을 먼저 처리하는 좋은 습관이 있다. 따라서 이 교재에서는 처리 순서에 대한 하나의 약속만을 제시하기로 하고, 특별한 처리 순서가 필요한 경우는 괄호를 사용하여 처리 순서에 대한 혼란을 피하도록 할 것이다.

처리 순시에 대한 하나의 약속은

'① $\sim$ ② $\vee$, $\wedge$ ③ $\to$, $\leftrightarrow$의 순서대로 처리'

이다. 단, ②의 $\vee$와 $\wedge$, 그리고 ③의 $\to$와 $\leftrightarrow$는 동등한 순서이다. '동등한 순서'의 의미는 예를 들어 $p \wedge q \to r \vee s$의 경우 $\vee$와 $\wedge$는 어느 것을 먼저 처리해도 된다는 뜻이다. 즉 $(p \wedge q) \to (r \vee s)$라는 의미이다. 그런데 혼란스러운 경우는 $p \wedge q \vee r$이다. 이런 경우는 $(p \wedge q) \vee r$ 또는 $p \wedge (q \vee r)$과 같이 괄호를 제시하여 처리 순서를 명확히 해야 함에 주의하도록 하자. $\sim p \to q$는 $(\sim p) \to q$의 순서이므로 괄호를 생략해도 된다.

예제 2.7 ▌ $\sim (p \wedge \sim q)$의 진리표를 만드시오.

p	q	$\sim$	$(p$	$\wedge$	$\sim$	$q)$
T	T	T	T	F	F	T
T	F	F	T	T	T	F
F	T	T	F	F	F	T
F	F	T	F	F	T	F
step		4	1	3	2	1

문제 2.8 ▌ 다음 두 합성명제의 각각의 진리표를 만들고, 이를 비교하시오.

(1) $\sim (p \wedge q)$, $\sim p \vee \sim q$ (2) $\sim (p \vee q)$, $\sim p \wedge \sim q$

6) 항진(恒眞)명제와 모순(矛盾)명제

▍정의 2.9▍ 몇 개의 단순명제들의 결합으로 만들어진 합성명제가 그 각각의 단순명제들의 모든 논리적 가능성에 관계없이 항상 참일 때 이 합성명제를 **항진명제**(tautology)라 하고 T로 나타낸다.

예를 들어 $p \vee \sim p$는 항진명제이다. 진리표를 만들어 살펴보면 p가 가지는 2가지 논리적 가능성에 관계없이 항상 참임을 알 수 있다. 진리표를 만들지 않더라도 p와 $\sim p$는 서로 다른 진릿값을 가지므로 항상 참이 된다.

예제 2.10 ▍ 다음 명제들이 모두 항진명제임을 확인하시오.

(1) $p \to (p \vee q)$

(2) $p \wedge q \to p$, $p \wedge q \to q$

▍정의 2.11▍ 몇 개의 단순명제들의 결합으로 만들어진 합성명제가 그 각각의 단순명제들의 모든 논리적 가능성에 관계없이 항상 거짓일 때 이 합성명제를 **모순명제**(contradiction)라 하고 C로 나타낸다.

예를 들어 $p \wedge \sim p$는 모순명제이다. 진리표를 만들어 살펴보면 p가 가지는 2가지 논리적 가능성에 관계없이 항상 거짓이다. 진리표를 만들지 않더라도 p와 $\sim p$는 서로 다른 진릿값을 가지므로 논리곱은 항상 거짓이 된다.

$p \vee \sim p$는 항진명제이다. 따라서 $\sim (p \vee \sim p)$는 모순명제이다. 즉 항진명제의 부정은 모순명제이고, 모순명제의 부정은 항진명제이다.

예제 2.12 ▍ 다음 명제들이 모두 모순명제임을 확인하시오.

(1) $p \wedge \sim (p \vee q)$

(2) $(p \wedge q) \wedge \sim q$

7) 논리적 동치(同値, equivalence)

예를 들어 $(p \wedge q) \rightarrow (\sim p \vee q)$의 진리표를 만들어 살펴보면 이 합성명제는 항진명제이다. 이와 같이 조건문 $p \rightarrow q$의 조건과 결론이 단순명제이든 합성명제이든 간에 $p \rightarrow q$가 항진명제이면 이것을 **함의**(含意, implication)한다고 하고 기호 $p \Rightarrow q$로 나타낸다. 이때 p는 q이기 위한 **충분조건**, q는 p이기 위한 **필요조건**이라 한다. 예제 2.9의 조건문은 항진명제이므로 $p \Rightarrow (p \vee q)$와 $p \wedge q \Rightarrow p$, $p \wedge q \Rightarrow q$으로 나타내면 된다.

쌍조건문 $p \leftrightarrow q$(p와 q가 단순명제이든 합성명제이든 상관없이)가 항진명제이면 이것을 **논리적 동치**라고 하고 기호 $p \Leftrightarrow q$로 나타낸다. $p \Leftrightarrow q$라면 쌍조건문 $p \leftrightarrow q$가 항상 참이 되어야 하므로 p가 참이면 q도 참이어야 하고, p가 거짓이면 q도 거짓이어야 한다. 이것은 쌍조건문 $p \leftrightarrow q$에서 p의 진릿값과 q의 진릿값이 같아야함을 의미하는 것이다. 즉 논리적으로 같은 진릿값(同値)을 가진다는 말이다.

예제 2.7의 문항으로 다시 한 번 설명하도록 하자. <표 2.7>에서 볼 수 있듯이 두 합성명제 $\sim (p \wedge \sim q)$와 $\sim p \vee q$은 항상 같은 진릿값을 가진다. 한편, 이 두 합성명제의 쌍조건문을 생각하면 $\sim (p \wedge \sim q) \leftrightarrow \sim p \vee q$인데 $\sim (p \wedge \sim q)$와 $\sim p \vee q$이 진릿값이 같으므로 합성명제의 진릿값은 항상 참이다. 즉 항진명제가 된다. 따라서

$$\sim (p \wedge \sim q) \Leftrightarrow \sim p \vee q$$

와 같이 나타낼 수 있다. 교재에 따라 두 합성명제의 진릿값이 같을 때 두 명제는 논리적 동치라고 정의하기도 하는데 이는 위에서 설명한 배경을 생략한 것이라고 할 수 있다. 아니 이 책이 설명을 더 길게 한 것이라고 보는 것이 타당하다.

〈표 2.7〉

p	q	$\sim$	$(p$	$\wedge$	$\sim$	$q)$	$\sim p$	$\vee$	q
T	T	**T**	T	F	F	T	F	T	T
T	F	**F**	T	T	T	F	F	**F**	F
F	T	**T**	F	F	F	T	T	**T**	T
F	F	**T**	F	F	T	F	T	**T**	F
step		4	1	3	2	1	2	3	1

$p \Leftrightarrow q$라면 $(p \rightarrow q) \wedge (q \rightarrow p)$도 참이다(정의 2.5). 논리곱으로 연결되어 있으므로 $(p \rightarrow q)$와 $(q \rightarrow p)$도 참이어야 한다. 즉 $(p \Rightarrow q) \wedge (q \Rightarrow p)$로 표현할 수 있다. 따라서 p는 q이기 위한 충분조건인 동시에 필요조건이다. 그러므로 $p \Leftrightarrow q$라면 p는 q이기 위한 필요충분조건이라고 한다. 또한 q는 p이기 위한 필요충분조건이라고도 한다.

❙ 정리 2.13 ❙ 임의의 명제 p, q, r에 대하여 다음 동치관계가 성립한다.

(1) $p \vee p \Leftrightarrow p$, $p \wedge p \Leftrightarrow p$

(2) $p \vee q \Leftrightarrow q \vee p$, $p \wedge q \Leftrightarrow q \wedge p$

(3) $(p \wedge q) \wedge r \Leftrightarrow p \wedge (q \wedge r)$, $(p \vee q) \vee r \Leftrightarrow p \vee (q \vee r)$

(4) $p \wedge (q \vee r) \Leftrightarrow (p \wedge q) \vee (p \wedge r)$, $p \vee (q \wedge r) \Leftrightarrow (p \vee q) \wedge (p \vee r)$

(5) $p \vee \mathrm{C} \Leftrightarrow p$, $p \wedge \mathrm{C} \Leftrightarrow \mathrm{C}$

(6) $p \vee \mathrm{T} \Leftrightarrow \mathrm{T}$, $p \wedge \mathrm{T} \Leftrightarrow p$

(7) $p \vee \sim p \Leftrightarrow \mathrm{T}$, $p \wedge \sim p \Leftrightarrow \mathrm{C}$

(8) $\sim (p \vee q) \Leftrightarrow \sim p \wedge \sim q$, $\sim (p \wedge q) \Leftrightarrow \sim p \vee \sim q$

정리 2.13의 증명은 진리표를 이용해 쉽게 증명할 수 있다. $\sim (p \wedge \sim q)$는 (8)번과 이중부정을 함께 생각하면 $\sim p \vee q$를 쉽게 유도할 수 있다.

2. Doodle

정리 2.13의 성질들을 기억해 두면 논리적 동치를 증명할 때 매우 편리하다. 이 많은 것을 기억하라고? 그렇다. 기억하면 편리하다. 그런데 기억하기 좋은 방법이 있다. 정리 2.13의 각 동치관계에서 '논리의 기호'와 '집합의 기호'의 의미를 잘 생각하여 아래의 표와 같이 '논리의 기호'를 각각에 대응하는 '집합의 기호'로 바꾸어 보라. 집합의 연산과 비교해 비슷한 수준을 넘어 거의 같다는 사실을 알 수 있다. 금방 우리는 다 외웠다!

논리의 기호	$\sim$	$\vee$	$\wedge$	$\Leftrightarrow$	T	C
집합의 기호	c	$\cup$	$\cap$	$=$	U	$\varnothing$

▶▶ 연습문제 2

1. 명제 '봄이 오면 꽃이 핀다.'의 부정은?

① 봄이 오면 꽃이 피지 않는다.

② 봄이 오지 않으면 꽃이 핀다.

③ 봄이 오고 꽃이 피지 않는다.

④ 봄이 오지 않으면 꽃이 피지 않는다.

2. 명제 p는 참이고, 명제 q는 거짓이라 한다. 이 때 다음 합성명제 중에서 그 진릿값이 참인 것은?

① $\sim p \vee q$　　② $\sim p \wedge \sim q$　　③ $\sim (p \wedge q) \vee q$　　④ $p \rightarrow \sim (p \vee q)$

3. 명제 $(p \rightarrow q) \wedge \sim q$가 참일 때, 명제 $p \wedge \sim q$와 $\sim p \rightarrow q$의 진릿값을 차례로 구하시오.

4. 명제 $\sim p \vee (p \rightarrow q)$가 거짓일 때, 명제 $p \wedge \sim q$와 $p \leftrightarrow q$의 진릿값을 차례로 구하시오.

5. 임의의 명제 p, q에 대하여 다음을 증명하시오.

(1) $p \wedge (p \vee q) \Leftrightarrow p$

(2) $p \vee (p \wedge q) \Leftrightarrow p$

6. 임의의 명제 p, q에 대하여 다음이 항진명제임을 증명하시오.

(1) $p \rightarrow (q \rightarrow p)$

(2) $(p \rightarrow q) \rightarrow \{(q \rightarrow r) \rightarrow (p \rightarrow r)\}$

7. 다음 명제의 부정을 만드시오.

(1) $x = 0$이고 $y = 0$

(2) $x = 0$ 또는 $y = 0$

(3) $a > 0$이고 $b^2 - 4ac < 0$ (단, $a, b, c \in \mathbb{R}$)

(4) $x > 2$ 또는 $y \leq 2$

8. 연립방정식 $f=0 \wedge g=0$이 있고, $g=0$의 좌변을 인수분해하면 $g_1 g_2=0$이다. 이 때 $g_1 g_2=0$를 $f=0$과 조합하여 다음 두 개의 연립방정식

$$f=0,\ g_1=0 \qquad f=0,\ g_2=0$$

을 만들어 풀 때 이 두 개의 연립방정식을 $\vee$과 $\wedge$을 사용하여 표현하시오.

9. $f(x)$, $g(x)$를 계수가 실수인 다항식이라 할 때, 다음 명제의 참, 거짓을 밝히시오.

$$\frac{f(x)}{g(x)}>0 \leftrightarrow f(x)g(x)>0$$

제 3 강 논리(logic) Ⅱ

1. 명제함수(statement function)

'$x+2<5$'와 같이 이 식만으로는 참 또는 거짓을 판단할 수는 없지만, x의 값이 하나 정해질 때 비로소 명제가 되는 경우가 있다. 이러한 문장이나 식을 명제함수라 한다. 예를 들어, '$x+2<5$'를 $p(x)$라 하면 $p(2)$는 '$2+2<5$'이므로 참인 명제이고, $p(4)$는 '$4+2<5$'이므로 거짓인 명제이다. $p(x)$가 함수의 역할을 하므로 $p(x)$를 명제함수라 부른다고 생각하면 된다.

❙ 정의 3.1 ❙ 주어진 집합 U에서의 x에 관한 문장이나 식을 $p(x)$라 하자. 임의의 $a \in U$에 대하여 $p(a)$가 명제일 때, $p(x)$를 U에서의 **명제함수**라고 한다.

예제 3.2 ❙

$\mathbb{R}$을 실수의 집합이라 할 때, $p(x): x<5$는 명제함수이다.

❙ 정의 3.3 ❙ 전체집합 U에서의 명제함수를 $p(x)$라 하자. 이 때 집합

$$P=\{x \in U \mid p(x)\text{는 참}\}$$

을 명제함수 $p(x)$의 **진리집합**(truth set)이라고 한다.

명제함수의 **진리집합**은 일반적으로 P, Q 등의 대문자를 사용한다.

예제 3.4 ❙

$\mathbb{N}$을 자연수의 집합이라 할 때

$$p(x): x+2<7, \quad q(x): x\text{는 } 6\text{의 약수이다.}$$

는 모두 명제함수이며, 그 진리집합은 $P=\{1, 2, 3, 4\}$, $Q=\{1, 2, 3, 6\}$이다.

U에서의 두 명제함수를 $p(x)$, $q(x)$라 하자. 이 명제함수들의 결합을 생각하면 기본적으로 다음의 4가지 경우를 생각할 수 있다.

$$\sim p(x), \quad p(x) \wedge q(x), \quad p(x) \vee q(x), \quad p(x) \rightarrow q(x)$$

임의의 $a \in U$에 대하여 $p(a)$, $q(a)$는 명제이므로 네 가지 경우의

$$\sim p(a), \quad p(a) \wedge q(a), \quad p(a) \vee q(a), \quad p(a) \rightarrow q(a)$$

도 모두 명제이다. 그러므로 명제함수의 논리적 결합 역시 명제함수가 된다. 따라서 두 명제함수 $p(x)$, $q(x)$의 진리집합을 각각 P, Q라 하면, 진리집합의 정의에 의하여 $\sim p(x)$의 진리집합은 P^c, $p(x) \wedge q(x)$의 진리집합은 $P \cap Q$, $p(x) \vee q(x)$의 진리집합은 $P \cup Q$, 그리고 $p(x) \rightarrow q(x)$의 진리집합은 $P^c \cup Q$임을 알 수 있다.

예제 3.5

$\mathbb{R}$을 실수의 집합이라 할 때, 명제함수 $x^2 + 2x - 3 \leq 0$의 진리집합은 $\{x \mid -3 \leq x \leq 1\}$이다.

예제 3.5에서 알 수 있듯이, 일반적으로 방정식이나 부등식은 변수 x에 관한 문장이나 식이므로 명제함수로 생각할 수 있다. '방정식 또는 부등식을 풀어라'는, 방정식 또는 부등식을 명제함수라 생각할 때, 그 '진리집합을 구하라'라는 의미로 생각할 수 있다.

함의 $p \Rightarrow q$는 조건문 $p \rightarrow q$가 항진명제인 경우이므로 $p(x) \Rightarrow q(x)$의 진리집합은 전체집합 U와 같다. 즉 $P^c \cup Q = U$이다. 따라서

$$P \subset Q$$

이다. 고등학교에서 학습한 내용일 것이다. 그냥 암기했을 수도 있고, 간단한 예를 사용해 이해했을 수도 있다.

여기에서는 확실히 이해하고 넘어가자. 조금 직관적이기는 하지만 Venn 다이어그램을 이용해서 설명해보자. $p \rightarrow q$와 $\sim p \vee q$는 논리적 동치임을 2강에서 학습하였다. 따라서 $p(x) \rightarrow q(x)$의 진리집합은 $P^c \cup Q$이다.

이 진리집합의 의미는 [그림 3.1]의 빗금 친 부분에 속한 원소가 $p(x) \to q(x)$를 참이 되도록 한다는 뜻이다. 그런데 지금은 $p(x) \to q(x)$가 항진명제이기 때문에 모든 원소에 대하여 항상 참이라야만 한다. 즉 모든 부분에 빗금이 쳐져야 한다는 것을 의미한다. 이 상태에서 모든 부분에 빗금이 쳐져야 한다면 $P \subset Q$가 되어야 한다.

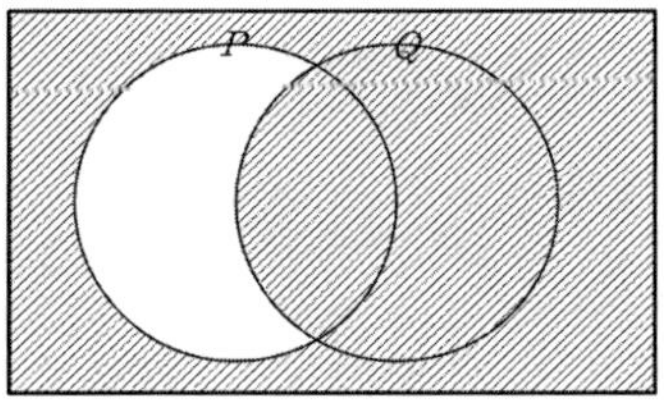

[그림 3.1]

쌍조건문 $p \leftrightarrow q$에도 위의 생각을 그대로 적용해 보자. $p(x) \leftrightarrow q(x)$의 진리집합은 $(p(x) \to q(x)) \wedge (q(x) \to p(x))$로부터 $(P^c \cup Q) \cap (Q^c \cup P)$임을 알 수 있다. Venn 다이어그램으로는 [그림 3.2]와 같다. $p \Leftrightarrow q$는 $p(x) \Rightarrow q(x)$이고 $q(x) \Rightarrow p(x)$를 의미하므로 $P \subset Q$이고 $Q \subset P$이다. 따라서 $P = Q$이다.

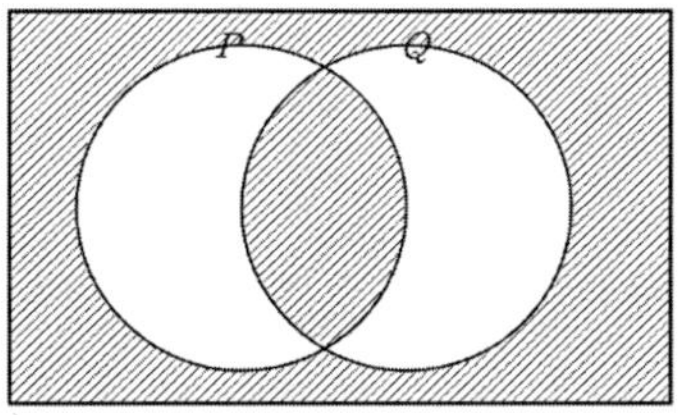

[그림 3.2]

2. 전칭명제와 존재명제

1) 전칭명제

실수의 집합 $\mathbb{R}$에서 명제함수

$$(x+1)(x-1) = x^2 - 1$$

는 $\mathbb{R}$에 속하는 모든 x에 대하여 참이다.

일반적으로, 집합 U에서의 명제함수 $p(x)$가 U에 속하는 모든 x에 대하여 참이 될 때, 기호 $\forall$을 사용하여 다음과 같이 나타낸다.

$$\forall x \in U,\ p(x) \text{ 또는 } \forall x,\ p(x)$$

위의 예는 $\forall x \in \mathbb{R},\ (x+1)(x-1) = x^2 - 1$과 같이 나타낼 수 있다.

▌정의 3.6▐ 기호 $\forall$을 **전칭기호**(全稱, universal quantifier)라 부르고, 전칭기호를 포함하는 명제함수를 **전칭명제**라고 한다.

전칭기호 $\forall$는 '모든'으로 읽는다. 따라서 $\forall x \in \mathbb{R}$는 '모든 실수 x에 대하여'라고 읽으면 된다. 우리에게 너무 익숙하다. 여러분이 알고 있는 그 '모든 x에 대하여'를 $\forall x$로 적겠다는 것이다. 예를 들면 다음과 같다.

$$\text{'모든 실수 } x\text{에 대하여 } x^2 \geq 0\text{이다.'} \Leftrightarrow \forall x \in \mathbb{R},\ x^2 \geq 0$$

전칭명제 또한 명제이므로 진릿값을 구하는 것이 필요하다. 집합 U에서의 명제함수 $p(x)$가 U에 속하는 모든 x에 대하여 참이 될 때, $\forall x \in U,\ p(x)$와 같이 나타내므로, 명제함수 $p(x)$의 진리집합을 P라 하면 $P = U$이다. 이 때 $\forall x \in U,\ p(x)$는 참이라고 한다.

예제 3.7 ▌ 명제함수 $p(x)$와 $q(x)$의 진리집합을 각각 P와 Q라 하자.

1) 자연수의 집합 $\mathbb{N}$에서 $\forall x \in \mathbb{N},\ p(x) : n+2 > 1$라 하면 $P = \mathbb{N}$이므로 이 전칭명제의 진릿값은 참이다.
2) 실수의 집합 $\mathbb{R}$에서 $\forall x \in \mathbb{R},\ q(x) : x^2 > 0$라 하면 $Q \neq \mathbb{R}$이므로 이 전칭명제의 진릿값은 거짓이다.

예제 3.7의 2)에서 볼 수 있듯이 주어진 전칭명제 $\forall x \in U,\ p(x)$가 거짓임을 증명하려면 $P \neq U$, 즉 $P^c \neq \varnothing$임을 보이면 된다. 그러므로 $p(a)$가 거짓이 되는 U의 원소 a가 존재한다는 것만을 밝히면 된다. 이와 같은 a를 전칭명제 $\forall x \in U,\ p(x)$의 **반례**(反例, counterexample)라고 한다. 예제 3.7의 2)의 경우 $q(0)$가 거짓이므로 0이 이 전칭명제의 반례이다.

2) 존재명제

실수의 집합 $\mathbb{R}$에서 방정식 $x^2-5x+6=0$은 $\mathbb{R}$에 속하는 모든 x에 대하여 참이 되지 않고 특정한 수 2와 3일 때만 참이 된다. 즉 $x^2-5x+6=0$을 참이 되게 하는 x가 존재한다.

일반적으로, 집합 U에서의 명제함수 $p(x)$가 U에 속하는 어떤 x에 대하여 참이 될 때, 기호 $\exists$을 사용하여 다음과 같이 나타낸다.

$$\exists x \in U,\ p(x) \text{ 또는 } \exists x,\ p(x)$$

위의 예는 $\exists x \in \mathbb{R},\ x^2-5x+6=0$과 같이 나타낼 수 있다.

▌정의 3.8▐ 기호 $\exists$을 **존재기호**(existential quantifier)라 부르고, 존재기호를 포함하는 명제를 **존재명제**라고 한다.[9)]

존재기호 $\exists$는 '어떤'으로 읽는다. 따라서 $\exists x \in \mathbb{R}$는 '어떤 실수 x에 대하여'라고 읽으면 된다. 이것도 우리에게 너무 익숙하다. 여러분이 알고 있는 그 '어떤 x에 대하여'를 $\exists x$로 적겠다는 것이다. 예를 들면 다음과 같다.

$$\text{'어떤 실수 } x\text{에 대하여 } x^2 \geq 0\text{이다.'} \Leftrightarrow \exists x \in \mathbb{R},\ x^2 \geq 0$$

존재명제 또한 명제이므로 진릿값을 구하는 것이 필요하다. 집합 U에서의 명제함수 $p(x)$가 U에 속하는 어떤 x에 대하여 참이 될 때 $\exists x \in U,\ p(x)$와 같이 나타내므로, 명제함수 $p(x)$의 진리집합을 P라 하면 $P \neq \varnothing$이다. 이 때 $\exists x \in U,\ p(x)$는 참이라고 한다.

예제 3.9 ▐ 명제함수 $p(x)$와 $q(x)$의 진리집합을 각각 P와 Q라 하자.

1) 자연수의 집합 $\mathbb{N}$에서 $\exists x \in \mathbb{N},\ p(x): n+5>7$라 하면 $P \neq \varnothing$이므로 이 존재명제의 진릿값은 참이다.
2) 실수의 집합 $\mathbb{R}$에서 $\exists x \in \mathbb{R},\ q(x): x^2<0$라 하면 $Q = \varnothing$이므로 이 존재명제의 진릿값은 거짓이다.

---

9) $\forall$, $\exists$는 영어의 for all과 there exists에서 왔다. All의 A를 뒤집고, Exist의 E를 돌리면 $\forall$, $\exists$이 만들어진다.

예제 3.9의 1)에서 볼 수 있듯이 주어진 존재명제 $\exists x \in U,\ p(x)$가 참임을 증명하려면 $P \neq \varnothing$, 즉 $P^c \neq U$임을 보이면 된다. 그러므로 $p(a)$가 참이 되는 U의 원소 a가 존재한다는 것만을 밝히면 된다. 예제 3.9의 1)의 경우 $p(1)$이 참이다.

일반적으로 전칭명제는 거짓이 됨을 증명하는 것이, 존재명제는 참이 되는 것을 증명하는 것이 쉽다.

3) 전칭명제와 존재명제의 부정

우리는 지금까지 기호 $\forall$, $\exists$가 명제함수 앞에 있어 뒤를 수식함을 학습하였다. 여기에서는 전칭명제와 존재명제의 부정을 생각해 보자. 만약

$$\sim(\forall x,\ f(x)=0)\ :\ \text{모든 } x\text{에 대하여 } f(x)=0\text{이 아니다.}$$

로 생각하면 $\forall x,\ \sim(f(x)=0)$으로 되어

$$\forall x,\ \sim(f(x)=0)\ :\ \text{어떤 } x\text{에 대하여도 } f(x)=0\text{이 아니다.}$$

라는 전체부정이 되어 버린다. 사실 all과 not의 조합은 부분부정이므로 위와 같이 전체부정이 될 수 없다. 따라서 '반드시 모든 x에 대하여 $f(x)=0$이라 할 수 없다.'로 하여

$$f(x) \neq 0\text{인 } x\text{가 적어도 하나 존재한다.}$$

라고 생각하면 부분부정으로 된다. 즉

$$\sim(\forall x,\ f(x)=0) \Leftrightarrow \exists x,\ \sim(f(x)=0) \Leftrightarrow \exists x,\ f(x) \neq 0$$

이다. 한편 $\sim(\exists x,\ f(x)=0)$를 생각하면 '$f(x)=0$이 되는 x는 존재하지 않는다.'이므로

$$\text{모든 } x\text{에 대하여 } f(x) \neq 0\text{이다.}$$

이다. 그러므로 $\forall x,\ \sim(f(x)=0) \Leftrightarrow \forall x,\ f(x) \neq 0$으로 된다.

▌정리 3.10▌ 집합 U에서의 명제함수 $p(x)$에 대하여 다음이 성립한다.

(1) $\sim(\forall x \in U,\ p(x)) \Leftrightarrow \exists x \in U,\ \sim p(x)$

(2) $\sim(\exists x \in U,\ p(x)) \Leftrightarrow \forall x \in U,\ \sim p(x)$

예제 3.11 ▌ 다음 명제의 부정을 만들고 그 진릿값을 구하라.

(1) 모든 실수 x에 대하여, $x \le 1$ 또는 $x > 2$이다.

(2) 어떤 실수 x에 대하여, $x \le 1$이고 $x > 2$이다.

(3) 모든 실수 x에 대하여, $x > 1$이면 $x > 0$이다.

(4) $x > 0$인 모든 x에 대하여, $x^2 > 1$이다.

[풀이] (2) $\sim(\exists x \in \mathbb{R}, (x \le 1) \wedge (x > 2)) \Leftrightarrow \forall x \in \mathbb{R}, (x > 1) \vee (x \le 2)\}$

이므로 부정은 '모든 실수 x에 대하여, $x > 1$ 또는 $x \le 2$이다.'이고, F이다.

(3) $\sim(\forall x \in \mathbb{R}, x > 1 \rightarrow x > 0) \Leftrightarrow \sim(\forall x \in \mathbb{R}, \sim(x > 1) \vee (x > 0))$

$\Leftrightarrow \exists x \in \mathbb{R}, (x > 1) \wedge (x \le 0)$

이므로 부정은 '어떤 실수 x에 대하여, $x > 1$이고 $x \le 0$이다.'이고, F이다.

(4) 이 경우의 $x > 0$과 같은 전체집합을 정하는 조건은 바뀌면 안 된다.

3. 증명(proof)

참이라고 누구나 인정하는 여러 명제로부터 앞서 학습한 여러 가지 타당한 추론법칙을 사용하여 주어진 명제가 참임을 밝히는 것을 증명이라고 한다. 여러분이 증명하고자 하는 명제는 일반적으로 '…이면 …이다.'이므로 결국은 조건문이 논리적으로 참임을 보이는 것이 **증명**이다. 증명의 방법에는 크게 **직접증명법**과 **간접증명법**이 있다. 어느 방법을 선택하느냐는 각자의 취향과 수학적 추론의 간편함에 주로 의존한다. 결국 자기가 증명하기 쉬운 방법을 선택하면 된다.

1) 직접증명법

직접증명법(Direct proof)은 참인 여러 명제에 타당한 추론을 사용하여 주어진 명제가 참임을 밝히는 증명방법을 말한다.

예제 3.12 ‘두 정수 x, y에 대하여 $x+y$가 홀수이면 x, y 중 하나는 홀수이고 나머지 하나는 짝수이다.’를 직접증명법으로 증명해보자.

[증명] $x+y$가 홀수이므로 $x+y=2a+1\ (a\in\mathbb{Z})$로 나타낼 수 있다.
만약 1) x가 홀수라면, $x=2b+1\ (b\in\mathbb{Z})$이다.
따라서 $y=2(a-b)\ (a-b\in\mathbb{Z})$이므로 짝수이다.
만약 2) x가 짝수라면, $x=2b\ (b\in\mathbb{Z})$이다.
따라서 $y=2(a-b)+1\ (a-b\in\mathbb{Z})$이므로 홀수이다.

이 증명은 말 그대로 바로, 직접적으로 증명한 것이다. 그러나 여러분이 이 증명을 하거나 이해를 했다면 짝수와 홀수의 정의와 그 표현법, 정수는 뺄셈에 대하여 닫혀있다는 성질 그리고 분배법칙 등을 이용하였으므로 이 내용을 모두 알고 있다는 것을 말하는 것과 같다.

2) 간접증명법

간접증명법(Indirect proof)은 결론과 동치인 다른 명제를 찾아서 주어진 명제가 참임을 밝히는 증명방법을 말한다. 이 방법 중에 특히 많이 사용되는 몇 가지만 학습하기로 한다.

(1) **대우증명법**(Proof by Contraposition)

고등학교에서 조건문 $p\rightarrow q$에 대하여

① $q\rightarrow p$를 $p\rightarrow q$에 대한 **역**(Conversion)
② $\sim p\rightarrow\ \sim q$를 $p\rightarrow q$에 대한 **이**(Inversion)
③ $\sim q\rightarrow\ \sim p$를 $p\rightarrow q$에 대한 **대우**(Contraposition)

라 한다는 것을 학습하였다. 그리고 집합의 포함관계를 이용하여 역, 이, 대우의 진릿값도 살펴보았을 것이다.

주어진 명제의 직접증명은 조금 어렵더라도 그 대우의 증명은 비교적 쉬운 경우가 있다. 주어진 명제와 그 대우는 논리적 동치[10)]이므로 대우를 증명하면 되는 것이다.

10) 고등학교 교육과정에서는 이를 집합적으로 설명하나, 우리가 학습한 진리표를 사용하면 바로 확인할 수 있다.

예제 3.13 ‘정수 x에 대하여 x^2이 짝수이면 x는 짝수이다.’를 증명해보자.

[증명] 대우는 ‘정수 x에 대하여 x가 홀수이면 x^2은 홀수이다.’이다.
x가 홀수이므로 $x=2a+1$ $(a\in\mathbb{Z})$로 나타낼 수 있다.
따라서 $x^2=4a^2+4a+1=2(2a^2+2a)+1$ $(a\in\mathbb{Z})$ 이므로 홀수이다.
그러므로 정수 x에 대하여 x가 홀수이면 x^2은 홀수이다.
그러므로 정수 x에 대하여 x^2이 짝수이면 x는 짝수이다.

(2) 귀류법(Proof by Contradiction)

귀류법[11)]은 **배리법**이라고도 부른다. 이 방법은 어떤 명제 p를 증명할 때, p가 거짓이라고 가정하여 여기에서 모순을 이끌어 내어 p가 거짓이라는 가정이 잘못되었다, 즉 p가 참이라고 결론짓는 것을 말한다.

잘 알고 있고 교과서에도 있는 예. ‘$\sqrt{2}$는 무리수임을 증명하라.’를 보면 아마도 곧 바로 ‘$\sqrt{2}$를 유리수라고 가정하면’을 생각했을 것이다. 이것이 위에서 설명한 ‘p가 거짓이라고 가정하여’이다.

이 방법은 p를 증명하는 대신에 $\sim p \rightarrow \mathrm{C}$를 증명하는 것이다. 왜냐하면

$$\sim p \rightarrow \mathrm{C} \Leftrightarrow \sim(\sim p) \vee \mathrm{C} \Leftrightarrow p \vee \mathrm{C} \Leftrightarrow p$$

이기 때문이다.

귀류법에는 또 다른 유형이 있다. 조건문 $p \rightarrow q$를 증명할 때, 결론의 부정을 가정에 덧붙여 모순을 이끌어 내어 p가 참이라고 결론짓는 유형이다. 즉 $p \rightarrow q$를 증명하는 대신에 $(p \wedge \sim q) \rightarrow \mathrm{C}$를 증명하는 것이다. 왜냐하면

$$\begin{aligned}(p \wedge \sim q) \rightarrow \mathrm{C} &\Leftrightarrow \sim(p \wedge \sim q) \vee \mathrm{C} \\ &\Leftrightarrow (\sim p \vee q) \vee \mathrm{C} \\ &\Leftrightarrow \sim p \vee q \\ &\Leftrightarrow p \rightarrow q\end{aligned}$$

이기 때문이다. 예제 3.12를 이 유형의 귀류법으로 증명해보자.

11) 영국의 수학자 G. H. Hardy(1877-1947)는 귀류법을 ‘수학자들의 가장 강력한 무기’라 하였다. 이렇게 불릴 만큼 많이 사용되는 증명방법이다. 귀류의 한자 歸謬는 오류나 잘못으로 돌아간다는 뜻이고, 배리의 한자 背理는 이치에 어긋난다는 뜻이다.

가정을 '$x+y$가 홀수이고, x, y는 둘 다 홀수이거나 둘 다 짝수이다.'로 두고 모순임을 보이면 된다. 만약 x, y가 둘 다 짝수라면 $x=2a$, $y=2b$ $(a, b \in \mathbb{Z})$ 이다. 따라서 $x+y=2(a+b)$ $(a, b \in \mathbb{Z})$ 이므로 $x+y$는 짝수이다. 그리고 x, y가 둘 다 홀수라면 $x=2a+1$, $y=2b+1$ $(a, b \in \mathbb{Z})$ 이므로 $x+y$는 짝수이다. 두 경우 모두 $x+y$는 짝수이므로 가정에 모순이다. 따라서 주어진 명제는 참이다. 이렇게 증명하면 된다.

예제 3.14을 통해 귀류법에 대한 이해를 더 깊게 하자.

예제 3.14 ▌ 실수 x, y에 대하여, $x^2+y^2=0 \to (x=0 \wedge y=0)$를 증명하라.

[증명] 명제는 $(x^2+y^2=0) \wedge (x \neq 0 \vee y \neq 0) \to C$와 논리적 동치이다.
따라서 $x^2+y^2=0$과 $x \neq 0 \vee y \neq 0$를 통해 모순명제를 유도하자.
먼저 $x \neq 0$일 때 $x^2>0$, $y^2 \geq 0$이므로 $x^2+y^2>0$이다.
그리고 $y \neq 0$일 때 $x^2 \geq 0$, $y^2>0$이므로 $x^2+y^2>0$이다.
두 경우 모두 $x^2+y^2>0$이므로 가정 $x^2+y^2=0$에 모순이다.
그러므로 주어진 명제는 참이다.

(3) 수학적 귀납법(mathematical induction)

자연수는 유한집합의 크기를 나타내는 **기수**(基數, Cardinal number)로서의 성격과 순서를 나타내는 **서수**(序數, Ordinal number)로서의 성격을 가지고 있다. 기수적 자연수론은 Richard Dedekind(1831-1916)의 집합론을 바탕으로 전개되고, 서수적 자연수론은 G. Peano(1858-1932)의 공리계를 바탕으로 전개된다. 이에 대한 내용은 2학년 이후 학습할 수학교육학의 전공필수과목에 양보하기로 하자. 이 내용을 적은 이유는 수학적 귀납법 때문이다. 이 증명 방법은 자연수를 포함하는 수학적 명제의 타당성을 증명하는데 가장 유용한 방법이다. 이것은 Peano의 공리의 한 결과이다. 고등학교 때 이항정리 등을 증명하면서 충분히 학습하였다고 생각하고 이 교재에서는 소개의 수준에서 끝을 내기로 한다.

Giuseppe Peano
(1858–1932)

| 정리 3.15 | [수학적 귀납법] 자연수 n을 포함하는 명제 $p(n)$이 다음을 만족하면 $p(n)$은 모든 자연수 n에 대하여 참이다.

(1) $p(1)$이 참이고

(2) 임의의 자연수 k에 대하여 $p(k) \Rightarrow p(k+1)$

참고로 수학적 '귀납'법이라는 이름이 붙여져 있지만, 수학적 귀납법을 이용한 증명은 귀납이 아닌 순수한 자연수의 구조에 의존하는 연역 논리의 일종이다. (2)에 의해 명제의 정당성이 차례로 이어져가 증명되어가는 모습이 귀납처럼 보이기 때문에 이런 이름이 붙여진 것에 불과하다.

4. Doodle

학문적으로만 생각하자. 오해 금지!

수학적 귀납법을 의도적으로 오용한 역설(Paradox)이 있다. 동양과 서양의 표현이 조금은 다르지만, 같은 의미이다.

> 머리카락이 하나도 없는 사람은 대머리이다.
> 대머리인 사람에게 머리카락을 하나 더해도 역시 대머리이다.
> 따라서 수학적 귀납법에 의해 모든 사람은 대머리이다.

> A man with a full head of hair is obviously not bald.
> Now the removal of a single hair will not turn a non-bald man into a bald one.
> And yet it is obvious that
> a continuation of that process must eventually result in baldness.

위와 같은 논법의 기원은 고대 그리스의 철학자 Eubulides가 만들었다고 전해진다. (실제로 수학적 귀납법의 기원은 기원전까지 거슬러 올라간다.) 이를 대머리의 역설(Paradox of the Bald Man)이라 부른다.

여러분은 이 역설의 오류를 간파하였는지 궁금하다. '작은 양의 변화(증가, 감소)에는 변함이 없다. 따라서 수학적 귀납법에 의해 많은 양의 변화(증가, 감소)에도 변함이 없다.'라는 오류를 범하고 있다.

집합 기호 { }는 1907년 독일의 Ernst Zermelo(1871~1953)가 사용했다고 알려져 있다. 그러나 그전에 G. Cantor도 이 기호를 사용하였지만, 우리가 사용하는 의미와는 다르게 사용하였다.

공집합의 기호 ∅, Ø는 Bourbaki group의 André Weil(1906~1998)이 노르웨이어 알파벳의 한 문자를 사용해 도입하였다.

부분집합을 나타내는 기호 ⊂, ⊃는 프랑스의 Josepf Diaz Gergonne(1771~1859)가 1816년 그의 논문에서 사용하였고, 합집합과 교집합의 기호 ∪, ∩는 1888년에, 부정의 기호 ~는 1897년 G. Peano가 처음 사용하였다.

포함 기호 ∈는 1889년 G. Peano가 논문에서, ∉는 1939년 프랑스의 젊은 수학자들이 중심이 된 모임 Bourbaki group이 발간된 책에서 사용하였다.

논리합의 기호 ∨는 영국의 Bertrand Russell(1872~1970)의 1906년의 논문 'The Theory of Implication'에서 찾을 수 있고, 논리곱의 기호 ∧는 1930년 독일의 Arend Heyting (1898~1980)이 처음 사용하였다고 알려져 있다.

기호 →를 함의의 의미로 1922년 David Hilbert(1862~1943)가, 지금의 함의 기호 ⇒는 1954년 Nicholas Bourbaki가 처음 사용하였다. 동치의 기호로 ↔를 1933년 Albrecht Becker(1906~2002)가 처음 사용하였다고 전해진다.

전칭기호 ∀는 1935년 독일의 Gerhard Gentzen (1909~1945)가, 존재기호 ∃는 1897년 G. Peano가 처음 사용하였다.

이 강은 웃으면서 마무리를 짓도록 하자.

많은 학부모들이 우리 아이는 '때리면 공부한다.'가 참이라고 생각한다. 이 명제가 참이라면 우리가 배운 대로 대우인 우리 아이는 '공부하지 않으면 때리지 않는다.'도 참이다. 이건 어떤가? 말을 바꿔서 우리 애는 '때리지 않으면 공부하지 않는다.'라고 한다면 우리 애는 '공부하면 때린다.'가 참이다.[12] 배운 것은 써 먹자.

12) 누군가의 블로그에서 본 내용이지만 출처가 기억에 없다. 생각나는 내용을 조금 각색하여 적어 보았다. 즉, 핵심 내용은 저자의 아이디어가 아님을 밝혀둔다.

▸▸ 연습문제 3

1. 다음 명제 중에서 이가 참인 것을 구하시오. (단, a, b는 실수)

① $a=b$이면 $a^2=b^2$　　② $x=3$이면 $(x-2)(x-3)=0$

③ $a=1,\ b=2$이면 $a+b=3$　　④ $a^2+b^2>0$이면 $a\neq 0$ 또는 $b\neq 0$

2. 명제 $(\sim p \vee \sim q) \rightarrow \sim p$의 역인 명제의 이를 구하시오.

3. 집합 A, B, C에 대하여 명제 p를

$$p : A \subset (B \cup C)\text{이면 } A \subset B \text{ 또는 } A \subset C$$

라 하고, p의 역 및 대우를 각각 q, r이라 할 때, 명제 p, q, r의 진릿값을 차례로 구하시오.

4. 실수 전체의 집합 $\mathbb{R}$에서의 두 명제함수 $p(x)$, $q(x)$가

$$p(x)=\{x \mid 3 \le x \le 6\},\quad q(x)=\{x \mid 4 < x < 9\}$$

일 때, $\sim p(x) \wedge q(x)$의 진리집합을 구하시오.

5. 전체집합을 $U=\{1, 2, 3, 4\}$라 할 때, 다음 각 명제함수의 참과 거짓을 밝히고 그 이유를 설명하시오.

① 모든 x에 대하여 $x+3<8$이다.

② 모든 x, y에 대하여 $x^2+y^2<30$이다.

③ 어떤 x에 대하여 $x^2-1>0$이다.

④ 어떤 x, y에 대하여 $x^2+y^2<3$이다.

6. 다음 명제를 기호 $\forall$ 또는 $\exists$를 사용해 나타내시오. (단, x는 실수)

(1) $x>3$이면 $x^2>9$이다.

(2) 방정식 $x^3+1=0$은 실근을 가진다.

7. 다음 명제의 부정을 구하시오,

(1) $\exists x,\ (p(x) \wedge q(x))$　　(2) $\forall x \in \mathbb{R},\ x>3 \rightarrow x^2>9$

8. 다음의 ( )안을 알맞은 용어로 채우시오. (단, x는 실수)

(1) $|x| < 1$은 $x > -3$이기위한 (   )조건.

(2) $x^2 > 0$은 $x > 0$이기위한 (   )조건.

(3) 삼각형 ABC가 이등변삼각형인 것은 정삼각형이기위한 (   )조건.

(4) 사각형 ABCD가 마름모인 것은 평행사변형이기위한 (   )조건.

9. 다음 명제를 기호 $\forall$ 또는 $\exists$를 사용해 나타내고 그 부정을 구하시오.

(1) 미분가능인 함수는 모두 연속인 함수이다.

(2) 연속인 함수는 반드시 미분가능인 함수라 할 수 없다.

제4강 극한(limit)

18~19세기의 많은 수학자들이 극한의 본질을 규명하기에 100년 이상의 긴 세월을 소비한 사실을 볼 때, 극한의 개념은 이해하기에 매우 힘든 것임을 알 수 있다. 함수의 극한에 대한 엄밀한 논법은 $\epsilon-\delta$법[13)]이라 불리는 조금은 현학적인 방법으로 전개를 해야만 한다. 그러나 이 방법을 초보자들이 이해하기는 조금 어렵다. 따라서 이 $\epsilon-\delta$법에 의한 극한의 논리 전개는 다른 좋은 교재들에게 떠넘기고, 이 강에서는 앞으로 학습하게 될 미분과 적분의 이해를 돕기 위해 감각적이고 직관적인 극한의 정의를 바탕으로 학습할 것이다. 고등학교에서 학습한 극한의 개념을 조금 더 풍성하게 하는 수준에서 그치도록 한다. (지금쯤 다른 대학의 여러분의 친구들 중에는 이 $\epsilon-\delta$논법으로 고민하고 있는 사람이 무조건 있다.)

1. 함수의 극한

실수 x가 a에 한없이 가까워질 때, $x \to a$로 나타낸다. 예를 들어 $x \to 2$일 때, $x^2 \to 4$는 실수 x가 2에 한없이 가까워질 때, x^2은 한없이 4에 가까워짐을 나타낸다. 여기에서 x^2을 함수 $f(x)$라고 생각하면 자연스러워 진다.

함수의 극한을 학습하면 수열의 극한도 공부한 것이 된다. 단 하나 다른 점이 있다고 하면 수열은 이산(離散)적이고, 함수는 연속(連續)적이라는 사실이다. (물론 불연속인 함수도 고려의 대상이지만 일반적으로 그렇다는 소리이다.) 잘 아는 사실이겠지만, 수열은 $\mathbb{N} \to \mathbb{R}$인 함수이다. 정의역이 자연수라는 의미이다. 그래서 수열의 극한은 항상 자연수 n이 한없이 커질 때, 즉 $n \to \infty$일 때만 생각했다. 왜냐하면 어떤 자연수에 한없이 가까워지는 경우는 생각할 수 없기 때문이다. 그런데 함수의 극한은 이 자연수의 집합을 실수의 집합으로 확장하여 생각하는 것이다. 따라서 2에 한없이 가까워지는 경우가 발생하는 것이다.

---

13) 극한의 $\epsilon-\delta$(epsilon-delta)정의는 1817년에 Bernard Bolzano(1781~1848)에 의해 주어졌으며, 현대적 의미로는 현대 해석학의 아버지로 불리는 Karl Weierstrass(1815~1897)가 소개하였다. 여러분이 지금까지 사용한 화살표가 있는 극한의 기호는 1908년 영국의 수학자 Godfrey Harold Hardy(1877~1947)가 그의 책에서 소개하고 있다.

▌정의 4.1▐ **[직관적 정의]** 함수 $f(x)$에서 x가 a가 아니면서 a에 한없이 가까워질 때, 그에 따라 함숫값 $f(x)$가 일정한 값 α에 한없이 가까워지면 $f(x)$ 는 α에 **수렴**(收斂, converge)한다고 하고, 이 때 α를 $f(x)$의 $x=a$에서의 **극한값** 또는 **극한**이라고 한다. 이것을 다음과 같은 기호로 나타낸다.

$$x \to a\text{일 때 } f(x) \to \alpha \quad \text{또는} \quad \lim_{x \to a} f(x) = \alpha$$

와 같이 나타낸다.

예제 4.2 ▐ 다음 극한값을 구하시오.

(1) $\lim_{x \to 1}(x+3)$ (2) $\lim_{x \to -1}(2x-5)$ (3) $\lim_{x \to 2}(x^2-2x+2)$

잘 알고 있겠지만, $x \to a$는 'x가 a에 한없이 가까워지는 상태'이고 $x=a$가 아니다. 예를 들어, 함수 $y=\dfrac{x^2-1}{x-1}$은 $x=1$에서는 정의가 되지 않지만, $x \neq 1$일 때는 $x-1 \neq 0$이므로 $x-1$로 나눌 수 있다. 즉, $y=\dfrac{x^2-1}{x-1}=x+1$을 의미한다. 오른쪽 그림에서 알 수 있듯이 $x \to 1$이면 $y \to 2$이다. 따라서 함수 $y=\dfrac{x^2-1}{x-1}$은 $x=1$일 때 함숫값 $f(1)$은 존재하지 않지만 $x \to 1$일 때 $f(x)$의 극한값은 존재함을 알 수 있다. 즉 일반적으로 $\lim_{x \to a} f(x) = f(a)$가 성립하지 않는다는 사실이다.

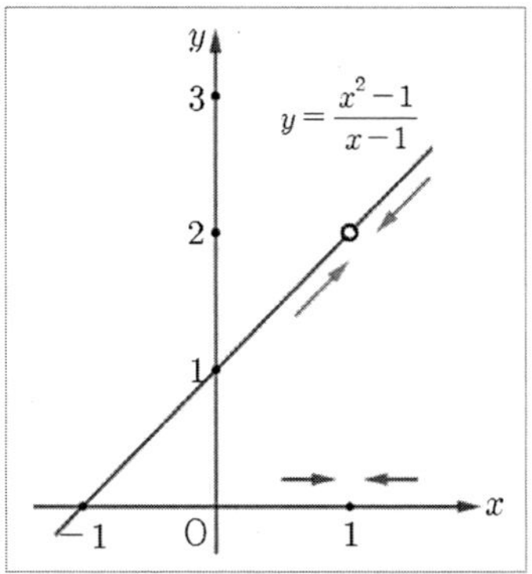

그런데 상황(함수)에 따라 극한값도 조심스럽게 관찰해야 하는 경우가 있다. 왜냐하면 $x \to a$라는 것은 x가 a보다 작은 값을 가지면서 a에 한없이 가까워지는 경우와 a보다 큰 값을 가지면서 a에 한없이 가까워지는 경우 2가지로 생각할 수 있기 때문이다. 먼저, x가 a보다 작은 값을 가지면서 a에 한없이 가까워질 때, $x \to a-0$로 나타낸다. 따라서 x가 a보다 큰 값을 가지면서 a에 한없이 가까워질 때를 $x \to a+0$로 나타내는 것은 아주 자연스럽다.

일반적으로, 함수 $f(x)$에서 x가 a보다 큰[작은] 값을 가지면서 a에 한없이 가까워질 때, 그에 따른 함숫값 $f(x)$가 일정한 값 α에 한없이 가까워지면 α를 $f(x)$의 $x=a$에서의 **우[좌]극한값** 또는 **우[좌]극한**이라 한다. 이것을 기호로

$$x \to a+0\text{일 때 } f(x) \to \alpha \text{ 또는 } \lim_{x \to a+0} f(x) = \alpha$$

$$[x \to a-0\text{일 때 } f(x) \to \alpha \text{ 또는 } \lim_{x \to a-0} f(x) = \alpha]$$

와 같이 나타낸다. (우극한 또는 좌극한을 일반적으로 **한쪽극한**(one-sided limit)이라 한다.) 따라서 함수 $f(x)$의 $x=a$에서의 우극한과 좌극한이 같지 않으면 극한값 $\lim_{x \to a} f(x)$는 존재하지 않는다. 즉 우극한과 좌극한이 존재하고 그 값이 서로 같아야 극한값이 존재한다.

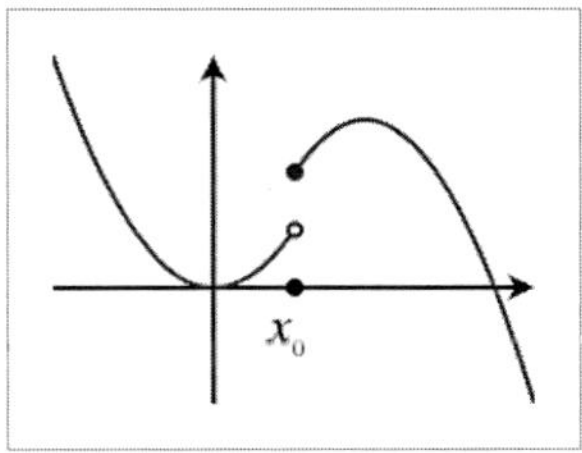

$$\lim_{x \to a} f(x) = \alpha \Leftrightarrow \lim_{x \to a+0} f(x) = \alpha = \lim_{x \to a-0} f(x) \quad (\text{단, } \alpha\text{는 상수})$$

그렇다면 조금 특별한 함수 $f(x) = \dfrac{|x|}{x}$를 이용하여 위의 생각을 적용해 보자. 당연히 $x=0$일 때 함수 $f(x)$는 정의되지 않는다. $x<0$이면 $|x|=-x$이므로 x가 0보다 작은 값을 가지면서 0에 한없이 가까워질 때는 $f(x)=-1$이다. 또한, $x>0$이면 $|x|=x$이므로 x가 0보다 큰 값을 가지면서 0에 한없이 가까워질 때는 $f(x)=1$이다. 즉 $1=\lim_{x \to 0+0} f(x) \neq \lim_{x \to 0-0} f(x) = -1$이다. 따라서 이 함수는 우극한과 좌극한이 존재하지만 그 값이 서로 같지 않으므로 $x=0$에서의 극한값은 존재하지 않는다.

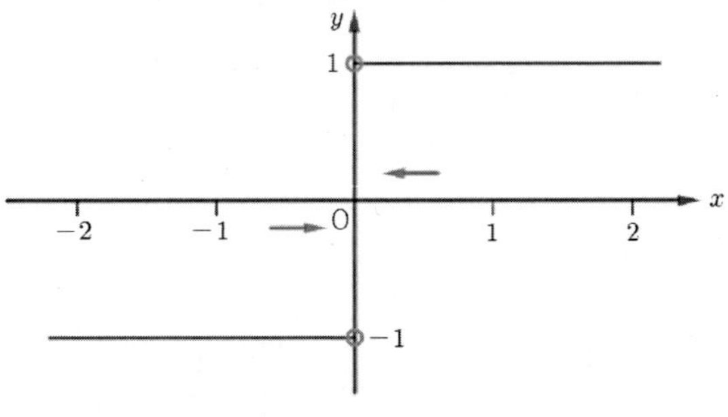

[그림 4.1] 좌우극한값이 다른 예

예제 4.3 ❙ 다음 극한값을 구하시오.

(1) $\lim_{x \to 1} \frac{x^2 - 1}{x - 1}$ (2) $\lim_{x \to 2} \frac{x^3 - 3x^2 + 4}{(x-2)^2}$ (3) $\lim_{x \to 0} \frac{\sqrt{1+x} - \sqrt{1-x}}{x}$

함수의 극한값을 계산할 때에는 다음 극한값의 성질을 이용하면 편리하다. 이 성질의 증명은 이 교재의 정도를 벗어나므로 증명 없이 그대로 인정하기로 하자.

❙ 정리 4.4 ❙ 두 함수 $f(x)$, $g(x)$에 대하여 $\lim_{x \to a} f(x) = \alpha$, $\lim_{x \to a} g(x) = \beta$일 때,

1) $\lim_{x \to a} cf(x) = c \lim_{x \to a} f(x) = c\alpha$

2) $\lim_{x \to a} (f(x) \pm g(x)) = \lim_{x \to a} f(x) \pm \lim_{x \to a} g(x) = \alpha \pm \beta$

3) $\lim_{x \to a} f(x)g(x) = \lim_{x \to a} f(x) \cdot \lim_{x \to a} g(x) = \alpha\beta$

4) $\lim_{x \to a} \frac{f(x)}{g(x)} = \frac{\lim_{x \to a} f(x)}{\lim_{x \to a} g(x)} = \frac{\alpha}{\beta} \quad (\beta \neq 0)$

5) $f(x) < g(x)$이면 $\lim_{x \to a} f(x) = \alpha \leq \beta = \lim_{x \to a} g(x)$ 이다.

예제 4.5 ❙ 다음 극한값을 구하시오.

(1) $\lim_{x \to 2} (2x^2 - x + 5)$ (2) $\lim_{x \to 1} (x-3)(x^2 + 2x)$ (3) $\lim_{x \to 0} \frac{x^2 - 1}{x + 2}$

문제 4.6 ❙ 다음 두 식을 만족시키는 다항식 $f(x)$를 구하시오.

$$\lim_{x \to \infty} \frac{f(x)}{2x^2 + x + 1} = 1, \quad \lim_{x \to 2} \frac{f(x)}{x^2 - x - 2} = 1$$

문제 4.7 ❙

$f(n) = \left(\frac{1+\sqrt{10}}{2}\right)^n - \left(\frac{1-\sqrt{10}}{2}\right)^n$일 때, $\lim_{n \to \infty} \frac{f(n)}{f(n+1)}$의 값을 구하시오.

1) 함수의 발산

지금까지 함수의 값이 유한한 값에 한없이 가까워지는 경우에 대하여 알아보았다. 그러면 함수의 값이 유한한 값에 가까워지지 않는 경우는 어떻게 될까?

[그림 4.2]와 같이 함수 $f(x)=\dfrac{1}{x^2}$에서 x가 0에 한없이 가까워지는 경우 $f(x)$는 한없이 커신다. 한편, 함수 $f(x)=-\dfrac{1}{(x-1)^2}$에서 x가 1에 한없이 가까워지는 경우 $f(x)$는 한없이 작아진다.

일반적으로, 함수 $f(x)$에서 x가 a에 한없이 가까워질 때, 그에 따른 함숫값 $f(x)$가 한없이 커지면 $f(x)$는 양의 무한대로 **발산**(發散, divergent)한다고 하고, 기호로는

$$x \to a\text{일 때 } f(x) \to \infty \quad \text{또는} \quad \lim_{x \to a} f(x) = \infty$$

와 같이 나타내고, 함수 $f(x)$에서 x가 a에 한없이 가까워질 때, 그에 따른 함숫값 $f(x)$가 한없이 작아지면 $f(x)$는 음의 무한대로 발산한다고 하고, 기호로는

$$x \to a\text{일 때 } f(x) \to -\infty \quad \text{또는} \quad \lim_{x \to a} f(x) = -\infty$$

와 같이 나타낸다.

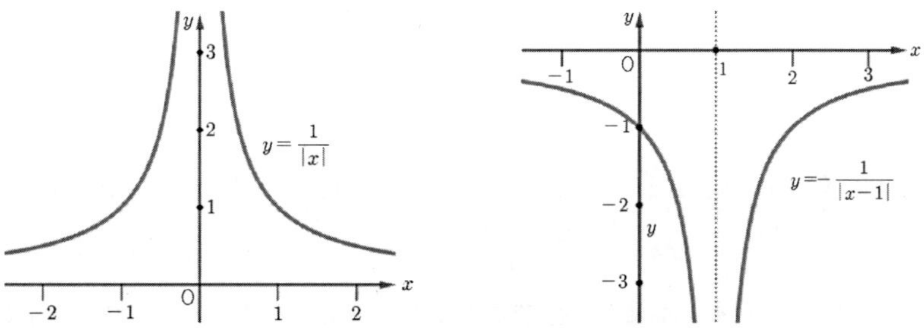

[그림 4.2] 함수의 발산

예제 4.8 ▌ 다음 극한값을 구하시오.

(1) $\displaystyle\lim_{x \to 1+0} \frac{1}{x-1}$ (2) $\displaystyle\lim_{x \to \infty} x^3$ (3) $\displaystyle\lim_{x \to 1+0} \log_3(x-1)$

문제 4.9 ▌ 다음 극한값을 구하시오.

(1) $\lim_{x \to \infty} \frac{1}{1+a^x} \quad (a>0)$ (2) $\lim_{x \to 0+0} \frac{1}{1+\sqrt[x]{2}}$

(3) $\lim_{x \to \infty} \log_3(x+1)$ (4) $\lim_{x \to \infty} \log_{2^{-1}}(x^2+1)$

2. 연속함수(continuous function)

학생들에게 연속함수를 간단하게 설명하라고 하면 대부분 계속해서 연결되어 있는 그래프, 또는 끊어져있지 않은 그래프라고 답하곤 한다. 시각적으로 그래프가 끊어져만 있으면 불연속이라는 것이다. 그러나 이 설명에는 한계가 있다. 이 설명은 연속함수에 대하여 오해를 하고 있는 대표적인 것으로 엄밀하게 말하면 잘못된 것이다. 예를 들어 설명해 보자.

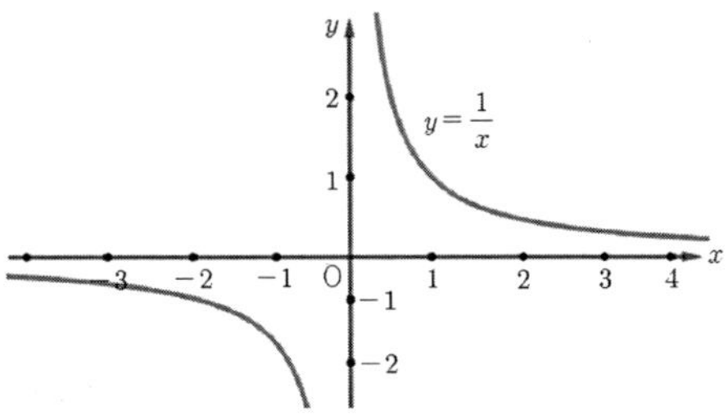

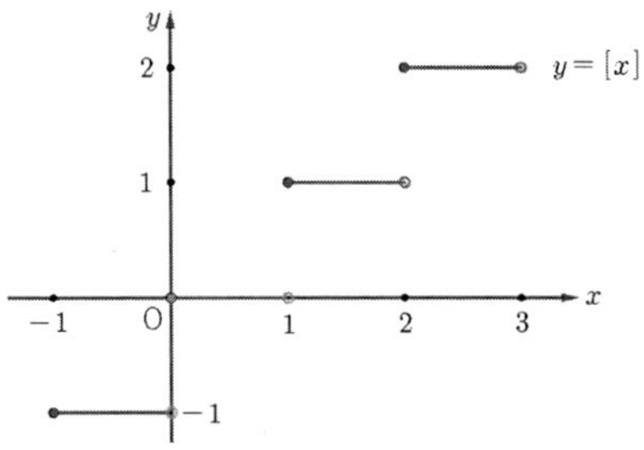

[그림 4.3] $f(x)=\dfrac{1}{x}$과 $g(x)=[x]$의 그래프. 모두 불연속함수?

[그림 4.3]의 두 함수는 시각적으로 그래프가 끊어져 있기 때문에 모두 연속함수가 아닌 것처럼 보이지만, 함수 $f(x)=1/x$는 연속함수이고, 함수 $g(x)=[x]$는 불연속함수이다. $f(x)=1/x$는 $x=0$에서 불연속인데? 라고 하겠지만, 이 함수의 정의역은 $\mathbb{R}-\{0\}$이고 이 정의역 내의 모든 원소에서 연속이기 때문이다. 이해하기 쉬운 예 $h(x)=\sqrt{x-1}$을 하나 더 들어보자. 이 함수는 연속함수라고 할 것이다. 그런데 이 함수가 $x=0$에서 정의되어 있지 않기 때문에 불연속함수라고 말하지는 않는다. 우리에게는 어떤 함수 $f(x)$가 정의되어 있는 곳에서 연속인지 아닌지가 중요하지 정의되어 있지 않은 곳에서 연속인지 아닌지는 사실 알 필요가 없다.

고등학교의 여러 수학참고서를 살펴보면 연속을 한 점에서 정의한 후, 구간에서 정의하는 순서로 학습하도록 하고 있다. '한 점에서의 연속'에 대한 설명에서 그 한 점이 정의역의 원소인지 아닌지에 대한 언급이 전혀 없다. 그렇다고 '구간에서의 연속'에 대한 설명에서도 그 구간이 정의역의 부분집합인지 아닌지에 대한 언급이 전혀 없다. 고등학교에서의 수학은 사실 여러 가지 상황을 직관적으로 이해하도록 하고 있기 때문에 불필요한 용어들을 감추고 가능하면 알고 있는 용어들을 사용하여 전개하고 있다. 지금의 논리 진개는 고등학교에서 연속의 의미를 더 엄밀하게 구성하자는 것이 아니라 연속은 항상 주어진 함수의 정의역에서 생각하자는 의미이다. 이렇게 해야만 최대·최소의 정리, 중간값의 정리 등의 의미가 더욱 살아난다.

일반적인 연속함수의 정의에 대하여 살펴보자. 이 정의는 어렵게 적혀있는 것도 아니고 이해하지 못할 내용 또한 아니다. 여러분이 고등학교에서 배웠던 $x=a$에서 함숫값이 정의되고, $x=a$에서 극한값이 존재해서 그 두 값이 서로 같다는 내용이다. 정의역만 제외하고.

❙ 정의 4.10 ❙ $I \subset \mathbb{R}$이고, $f: I \to \mathbb{R}$이라 하자. $a \in I$에 대하여 극한

$$\lim_{x \to a} f(x) = f(a)$$

가 존재할 때, 함수 $f(x)$는 $x=a$에서 **연속**이라고 한다. 그리고 $D \subset I$에서, $f(x)$가 모든 점에서 연속일 때 $f(x)$는 D에서 연속이라고 한다.

함수 $f(x)$가 $x=a$에서 연속이 아닐 때에 함수 $f(x)$는 $x=a$에서 **불연속**(discontinuous)이라고 한다.

사실 연속함수에 대한 정의를 구축하는데 크게 기여한 수학자는 프랑스의 Augustin-Louis Cauchy이다. 그는 함수 $f(x)$의 연속성을 $f(x+a)-f(x)$가 x와 함께 무한히 작아질 때 함수 $f(x)$를 독립변수 x의 연속함수라고 정의하였다. 가변적인 양으로 무한히 작은 양을 정의했는데, 오늘날 사용하는 극소의 정의와 매우 유사하다. 여기까지.

Augustin-Louis Cauchy
(1789-1857)

| 정리 4.11 | 두 함수 $f, g : I \to \mathbb{R}$가 $a \in I$에서 연속이면 다음 함수도 $a \in I$에서 연속이다.

(1) $cf(x)$ (c는 상수)

(2) $f(x) \pm g(x)$

(3) $f(x)g(x)$

(4) $\dfrac{f(x)}{g(x)}$ (단, $g(a) \neq 0$)

[증명] f, g가 a에서 연속이므로 $\lim_{x \to a} f(x) = f(a)$, $\lim_{x \to a} g(x) = g(a)$이다.

(1) $\lim_{x \to a} cf(x) = c \cdot \lim_{x \to a} f(x) = cf(a)$이므로 $cf(x)$는 a에서 연속이다.

(2) $\lim_{x \to a} (f(x) \pm g(x)) = f(a) \pm g(a)$이므로 $f(x) \pm g(x)$는 a에서 연속이다.

(3) $\lim_{x \to a} f(x)g(x) = f(a)g(a)$이므로 $f(x)g(x)$는 a에서 연속이다.

(4) $\lim_{x \to a} \dfrac{f(x)}{g(x)} = \dfrac{f(a)}{g(a)}$이므로 $\dfrac{f(x)}{g(x)}$는 a에서 연속이다. ■

| 정리 4.12 | 함수 $f : I \to \mathbb{R}$가 $u \in I$에서 연속이고 $\lim_{x \to a} g(x) = u$이면

$$\lim_{x \to a} g(f(x)) = f\left\{\lim_{x \to a} g(x)\right\} = f(u).$$

[증명] 먼저 함수

$$G(x) = \begin{cases} g(x), & x \neq a \\ u, & x = a \end{cases}$$

를 생각하자. 그러면

$$\lim_{x \to a} G(x) = \lim_{x \to a} g(x) = u = G(a)$$

가 성립하므로 $G(x)$는 $x = u$에서 연속이다. 따라서[14] $(f \circ G)(x)$도 $x = u$에서 연속이고, $x \neq a$일 때 $G(x) = g(x)$이므로 다음이 성립한다.

$$\lim_{x \to a} (f \circ g)(x) = \lim_{x \to a} (f \circ G)(x) = (f \circ G)(a) = f(u)$$

■

14) 함수 $f(x)$가 $a \in I$에서 연속이고 함수 $g(x)$가 $f(a) \in I$에서 연속이면, 합성함수 $(g \circ f)(x)$도 $a \in I$에서 연속이다.

3. Doodle

오래 전부터 유명했던 극한에 대한 유머로 doodle을 시작하자.

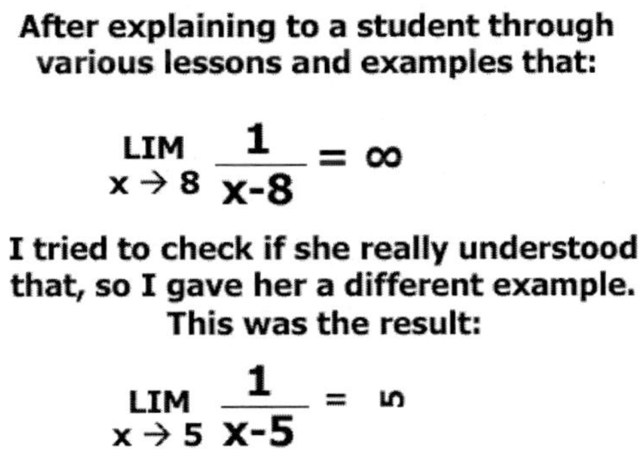

무한등비급수라고 하면 대학수학능력시험의 단골 메뉴이기 때문에 여러분들은 잘 알고 있다. 그런데 무한등차급수는 별로 들어 보지 못했으리라. 등비수열에 대하여 무한등비급수이므로 등차수열에 대한 무한등차급수를 생각할 수 있다. 그런데 이를 학습하지 않는 이유는 간단하다. 공차가 양수이면 ∞로 발산할 것이고, 음수이면 $-\infty$로 발산하기 때문에 수학적으로 별로 재미가 없기 때문이다.

[그림 4.4]는 무한등비급수 $1+\frac{1}{2}+\frac{1}{4}+\frac{1}{8}+\cdots$을 직사각형을 이용해 구한 것이다. 가로의 길이가 2, 세로의 길이가 1인 직사각형을 급수의 각 항을 넓이로 하는 사각형으로 채워 가면 원래의 사각형과 그 넓이가 같다는 아이디어이다.

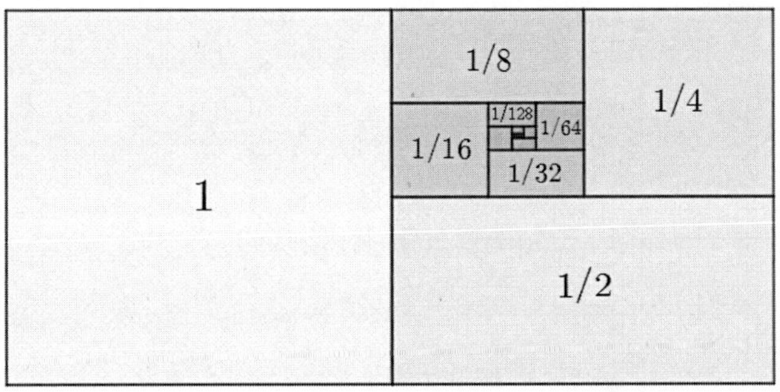

[그림 4.4] 기하급수의 기하학적 해법

우리가 일상에서 주로 사용하는 수학용어가 있다. 무엇 무엇이 '기하급수적'으로 증가하고 있다. 여러분들도 많이 들어보았을 것이고, 사용하기도 했을 것이다. 수학용어인 것도 같은데 이 용어를 학습한 적은 아마도 없을 것이다.

그러면 기하급수라는 것은 무엇일까? 국어사전에서 찾아보니 '증가하는 수나 양이 아주 많은, 또는 그런 것'이러고 나와 있다. 'grow in geometrical progression'은 영어 표현이다. 여러분들이 고등학교 수학에서 학습한 등차수열이 arithmetic sequence이고 등비수열이 geometric sequence이다. 그리고 등비급수는 geometric series이다. 등차(等差)는 차가 같다는 의미이고, 등비(等比)는 비가 같다는 의미이다. geometric을 등비라고 한 것이다. 그래서 대학에서는 등비급수를 기하급수라고 부르는 경우가 많다.

멱급수(power series)라는 것도 있다. 이것도 배워서 잘 안다.

$$\sum_{n=0}^{\infty} a_n (x-c)^n = a_0 + a_1 (x-c)^1 + a_2 (x-c)^2 + \cdots$$

와 같은 급수이다. 고등학교 때는 $c=0$인 경우

$$\sum_{n=0}^{\infty} a_n x^n = a_0 + a_1 x^1 + a_2 x^2 + \cdots$$

의 형태로 여러 상황에서 학습하였다. 미적분을 조금만 더 공부하면 여러 함수들을 이러한 멱급수의 형태로 나타낼 수 있다. 예를 들면 다음과 같다.

$$\sin x = \sum_{n=0}^{\infty} \frac{(-1)^n}{(2n+1)!} x^{2n+1}, \quad \cos x = \sum_{n=0}^{\infty} \frac{(-1)^n}{(2n)!} x^{2n}$$

1) 무한급수

다음 무한급수의 극한값은 구할 수 있을까?

$$\sum_{n=0}^{\infty} (-1)^n = 1-1+1-1+1-1+\cdots$$

이 무한급수 문제는 체코의 유명한 수학자 B. Bolzano(1781-1848)의 저서 Paradoxes of the Infinite(무한의 역설, 1851년) 49쪽에 나온다. 실제로 수학에서는 이 무한급수를 'Grandi의 급수'라고 부른다. 이탈리아의 수학자 Guido Grandi(1671-1742)가 1703년 출간한 책에서 이 급수를 의미 있게 다루었다고 그의 이름에서 따왔다. 각설하고.

'Grandi의 급수'의 합은 다음과 같이 3가지 방법으로 생각할 수 있다. 풀이 방법 3가지에 따라 그 결과인 합도 3가지. 모든 옳은 방법인 것 같지만 결과가 다름은 수학이 용서하지 않는다. 그러면 과연 어떤 풀이가 바른 것일까?

(i) $1-1+1-1+\cdots=(1-1)+(1-1)+\cdots=0+0+\cdots=0.$

(ii) $1-1+1-1+\cdots=1-(1-1)-(1-1)-\cdots=1-0-0-\cdots=1.$

(iii) $S=1-1+1-1+\cdots=1-(1-1+1-1+\cdots)=1-S$이므로 $1/2$.

Grandi는 잘 알려진 식

$$(1+x)^{-1}=\frac{1}{1+x}=1-x+x^2-x^3+\cdots$$

에 $x=1$을 대입하여 합이 $1/2$이라고 주장하였다. 참고로 위의 급수 전개식은 고등학교 시절 이미 학습한 이항정리

$$(x+a)^n=x^n+nx^{n-1}a+\frac{n(n-1)}{2!}x^{n-2}a^2+\frac{n(n-1)(n-2)}{3!}x^{n-3}a^3+\cdots$$

에서 $n=-1$로 두면 유도된다. 잘 학습한 학생이라면 의문이 들게 마련이다. $n=-1$이라고? 이항정리는 n이 자연수일 때 성립하는 것이거늘 하면서.

그렇다. $|x|<a$라면 n이 정수일 때도 성립한다고 그 유명한 I. Newton이 1676년에 이미 우리에게 가르쳐 주었다. 또 각설하고.

다음의 급수 전개식

$$(1-x)^{-1}=\frac{1}{1-x}=1+x+x^2+x^3+\cdots$$

에 $x=-1$을 대입하여 합이 $1/2$이라고 주장할 수도 있다.

차츰 세 번째 풀이에 그 무게가 더 해짐을 느낄지도 모르지만 'Grandi의 급수'는 발산하는 급수이다. 현대의 수학에서는, 무한급수의 합을 그 부분합에 의해 주어진 수열의 극한으로 해서, 그 극한이 존재할 경우에 한해 정의된다. 위에 제시한 두 급수 전개식은 $-1 < x < 1$일 때만 수렴하므로 $x = 1$ 또는 $x = -1$을 대입할 수가 없다.

사실 이러한 'Grandi의 급수'에 대한 3가지의 합은 18세기 초반부터 수학자들 논쟁의 중심에 있었다. 이 논쟁에 Leibniz, Bernoulli, Euler, Lagrange 등 당시 유명한 수학자들이 대거 참전하게 된다. 이 논쟁은 19세기 발산에 대한 엄밀한 정의가 나올 때까지 계속되었지만, 극한을 엄밀하게 정의하려는 시도의 초석이 되었다고 말할 수도 있다.

예제 4.13 ▌ 다음의 세 무한급수의 수렴·발산을 조사하여 비교해 보자.

(1) $\left(2-\frac{3}{2}\right)+\left(\frac{3}{2}-\frac{4}{3}\right)+\left(\frac{4}{3}-\frac{5}{4}\right)+\cdots+\left(\frac{n+1}{n}-\frac{n+2}{n+1}\right)+\cdots$

(2) $2-\frac{3}{2}+\frac{3}{2}-\frac{4}{3}+\frac{4}{3}-\frac{5}{4}+\cdots$

(3) $2+\left(-\frac{3}{2}+\frac{3}{2}\right)+\left(-\frac{4}{3}+\frac{4}{3}\right)+\cdots+\left(-\frac{n+2}{n+1}+\frac{n+2}{n+1}\right)+\cdots$

[풀이] 첫째항부터 제n항까지의 부분합을 S_n이라 하자.

(1) $S_n = 2-\frac{n+2}{n+1}$이다. 그러므로 $\lim_{n\to\infty} S_n = \lim_{n\to\infty}\left(2-\frac{n+2}{n+1}\right) = 1$이다. 따라서 1에 수렴한다.

(2) $n = 2m-1\ (m \in \mathbb{N})$일 때 부분합 S_n은

$$S_{2m-1} = 2-\frac{3}{2}+\frac{3}{2}-\frac{4}{3}+\frac{4}{3}-\frac{5}{4}+\cdots+\frac{m}{m-1}-\frac{m+1}{m}+\frac{m+1}{m} = 2$$

이다. 따라서 $\lim_{m\to\infty} S_{2m-1} = 2$이다.

한편, $n = 2m\ (m \in \mathbb{N})$일 때 부분합 S_n은

$$S_{2m} = 2-\frac{3}{2}+\frac{3}{2}-\frac{4}{3}+\frac{4}{3}-\frac{5}{4}+\cdots+\frac{m+1}{m}-\frac{m+2}{m+1} = 2-\frac{m+2}{m+1}$$

이므로 $\lim_{m\to\infty} S_{2m} = \lim_{m\to\infty}\left(2-\frac{m+2}{m+1}\right) = 1$이다.

그런데 $\lim_{m\to\infty} S_{2m-1} \neq \lim_{m\to\infty} S_{2m}$이므로 주어진 무한급수는 발산한다.

무한급수의 합을 구할 때 우리가 주의해야 할 것을 'Grandi의 급수'의 합의 풀이 법을 통해 정리하면 다음과 같다.

첫째, 임의로 괄호를 사용해 묶거나,

둘째, 항의 순서를 바꾸어 계산하거나,

셋째, 구하는 합을 S로 두고 변형하거나

하면 안 된다는 것이다.

제 5 강 미분(Calculus Ⅰ)

국소적인 변화를 파악하는 미분은 주어진 함수의 어떤 점에서의 접선 또는 접평면을 생각하는 연산이라 말할 수 있고, 반면 국소적인 양의 포괄적 통합을 취급하는 적분은 주어진 영역을 아주 작은(?) 양으로 잘라(分) 계속 쌓아서(積) 주어진 영역의 길이, 넓이 및 부피 등을 구하는 것에 해당한다. 미분과 적분의 기본적인 개념에 대한 기하학적 의미는 정적분이 구적, 도함수가 접선이다. 고등학교에서 넓이의 개념을 사용하여 정적분을 정의하는 것처럼 보이지만, 사실 정적분을 사용하여 도형의 넓이가 정의되는 것이다.

1. 미분(differentiation)

[그림 5.1]은 2차 곡선 $y=f(x)$의 그래프에서 점 A 근방의 모양을 확대하여 나타낸 것이다. 이 선은 거의(?) 직선으로 보인다. 그래서 기울기도 알 것 같다. 모눈의 개수로 어림을 해보면 x의 증가량은 2칸, y의 증가량은 4칸. 따라서 기울기가 2인 직선으로 판단할 수 있다.

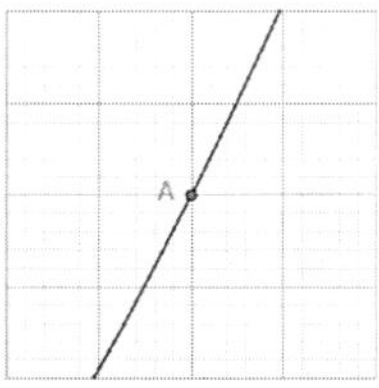

[그림 5.1] 점 A근방에서의 모양

[그림 5.2]는 점 A 근방의 모양을 축소해 가며 나타낸 것이다. 마지막 그림을 보니 이 그래프는 곡선 $y=x^2$이다.

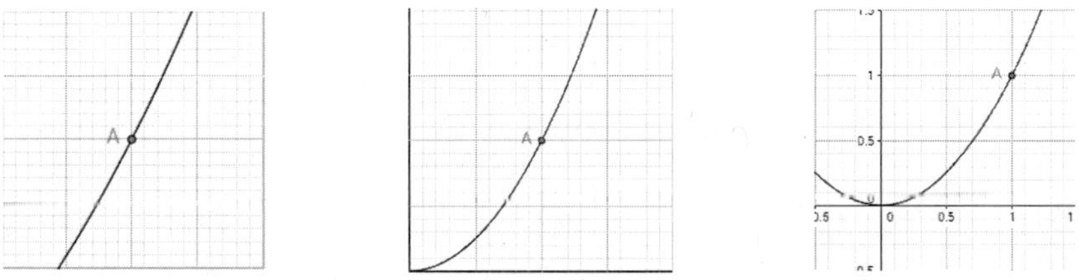

[그림 5.2] $y=x^2$의 그래프에서 점 A 근방의 모양의 변화

또 다른 예를 하나 들어보자. 60 km의 거리를 자동차로 1시간을 달렸다고 하자. 이때 속력[15)]은 '시속 60 km'이다. 초등학생용 예라서 살짝 미안하다. 그런데 '시속 60 km'의 의미를 물으면 대학생들도 답을 머뭇거린다. 어떤 학생은 처음부터 끝까지 시속 60 km로 달린 것이라고 답한다. 이 대답은 한편으로는 옳다. 그런데 상식적으로 운전자는 처음부터 시속 60 km로 달리고 있는 차에 내리고 탈 수가 없다. 출발할 때와 도착했을 때의 속력은 0이라는 말이다. 중학교에서 학습하는 거리를 시간으로 나눈 값은 일반적으로 '평균속력'을 일컫는다. 즉 처음부터 끝까지 시속 60 km로 달린 것과 같은 의미이다. 그러나 자동차의 계기판에서 바늘이 가리키는 수치는 '순간속력'이다. 우리가 일상에서 흔히 사용하는 속력은 대부분 순간속력이다. 순간이기 때문에 거리와 시간이 모두 0이다. 그러면 의문이 생긴다. '순간속력'은 어떻게 측정하는 것일까?

아주 가까운 두 지점을 선택해서 두 지점의 거리와 지날 때 걸린 시간을 구하여 '평균속력'을 구한다. 두 지점을 지날 때 걸린 시간을 계속 짧게 해주면 두 지점에서 구한 '평균속력'은 일정한 값으로 가까이 가게 된다. 이 값을 '순간속력'라 한다. 이 생각을 함수의 그래프에 적용해 보도록 하자.

1) 변화율(ratio of change)

변화율이란, 단어의 의미대로 어떤 변수들이 변화한 정도의 비율을 말한다. 예를 들어 함수 $y=x^2+1$에서 독립변수 x의 값이 1부터 3까지 변한다면 이에 따라 종속변수 y의 값은 2부터 10까지 변한다. 이때 x의 변화량 $3-1=2$를 x의 **증분**(增分, increment)이라 하고 문자 Δ[16)]를 사용하여 Δx로 나타내며, y의 변화량 $10-2=8$을 Δx에 대한 y의 증분이라 하고 Δy로 나타낸다. Δx에 대한 Δy의 비 $\Delta y : \Delta x$의 비율 $\dfrac{\Delta y}{\Delta x}=4$를 구간 $[1, 3]$에서의 함수 $y=x^2+1$의 평균변화율이라고 한다. 일반적으로 평균변화율의 정의는 다음과 같다.

15) 속력(speed)과 속도(velocity)는 일상에서 그다지 구별하지 않고 사용하지만, 엄밀하게는 명확하게 구별된다. 아프리카의 영양은 사자보다 '평균속력'이 빠름에도 잡아먹힌다. 즉 이들의 목숨을 건 달리기는 육상의 경기처럼 방향이 존재하지 않는다. 물체의 빠르기와 방향을 함께 나타내는 양이 '속도'이다. 누군가가 1시간 동안 10 km를 뛰었다면 '속력'이고, 남쪽으로 1시간 동안 10 km를 뛰었다면 '속도'이다. 더 구체적인 이 내용은 '물리'의 시간에 양보하자.

16) 기호 Δ는 'difference'를 뜻하는 그리스 단어 $\delta\iota\alpha\varphi o\rho\acute{\alpha}$의 머리글자 δ의 대문자이다. Δ를 '차' 또는 '차이'라고 생각하고 보면 의미 파악이 더욱 쉽다.

▌정의 5.1▐ 함수 $f(x)$에서 x의 값이 a에서 $a+\Delta x$까지 변할 때, 닫힌구간 $[a,\ a+\Delta x]$에서의 $f(x)$의 **평균변화율**은 다음과 같다.

$$\frac{\Delta y}{\Delta x}=\frac{f(a+\Delta x)-f(a)}{\Delta x}$$

평균변화율은 $f(x)$의 그래프에서 두 점 $(a, f(a)), (a+\Delta x,\ f(a+\Delta x))$를 지나는 직선의 기울기와 같다.

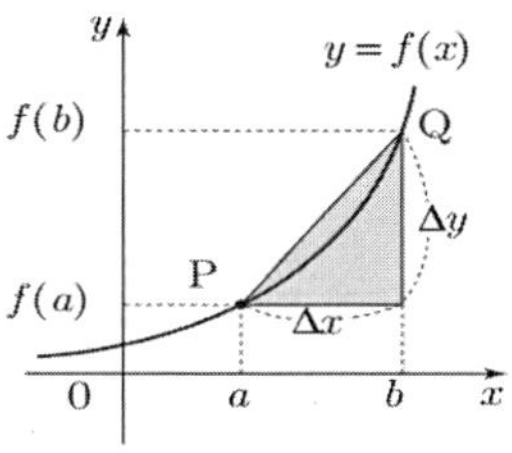

[그림 5.3] 평균변화율

예제 5.2 ▐ 다음 함수에서 각각의 구간에서의 평균변화율을 구하시오.

(1) $y=x^2+3x\ \ [1,\ 3]$ (2) $y=3x^2\ \ [1,\ 1+\Delta x]$

일반적으로 함수 $f(x)$의 변화의 비율은 각점에서 다르다. 평균변화율의 생각을 직관적으로 한 점에서 하려면 $\Delta x\to 0$라 하면 된다. $\Delta x\to 0$의 의미는 [그림 5.4]에서처럼 점 $(a+\Delta x,\ f(a+\Delta x))$가 점 $(a, f(a))$로 한없이 가까이 간다는 것을 말한다. 즉 평균변화율의 극한값 $\lim_{\Delta x\to 0}\frac{\Delta y}{\Delta x}$를 생각하면 된다. 이를 함수 $f(x)$의 $x=a$에서의 순간변화율이라 한다.

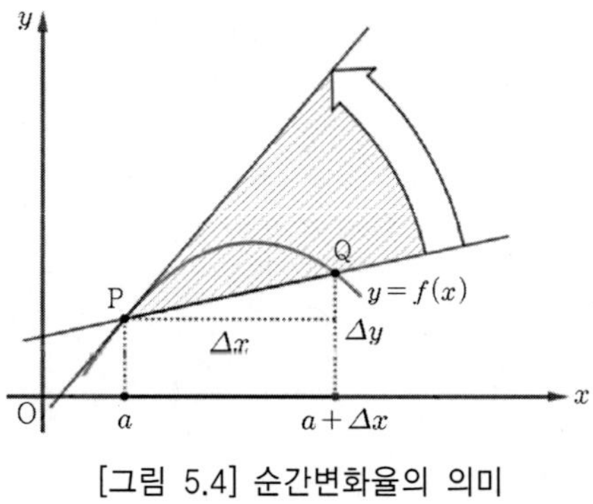

[그림 5.4] 순간변화율의 의미

▌정의 5.3▐ $x=a$에서 연속인 함수 $f(x)$에서 $\lim_{\Delta x \to 0} \frac{f(a+\Delta x)-f(a)}{\Delta x}$의 값이 존재할 때, 이 극한값을 $f(x)$의 $x=a$에서의 **순간변화율**이라 한다. 이를 기호로 $f'(a)$로 나타낸다. 그리고 $f'(a)$가 존재한다면 함수 $f(x)$는 $x=a$에서 **미분가능하다**고 한다. 또, 함수 $f(x)$가 구간 $(a,\ b)$의 모든 점에서 미분가능하면 $f(x)$를 **미분가능함수**라고 한다.

정의 5.3에서 $x=a+\Delta x$라 두면, $\Delta x \to 0$일 때 $x \to a$이므로

$$\lim_{\Delta x \to 0} \frac{f(a+\Delta x)-f(a)}{\Delta x} = \lim_{x \to a} \frac{f(x)-f(a)}{x-a}$$

으로도 나타낼 수 있다. 그리고 함수 $f(x)$가 $x=a$에서 미분가능하다는 것은 좌극한과 우극한이 각각 존재하며, 두 값이 같다는 것과 같은 의미이다. 기하학적으로 순간변화율 $f'(a)$는 곡선 $y=f(x)$ 위의 점 $(a, f(a))$를 지나는 접선의 기울기를 나타낸다.

예제 5.4 ▌

(1) 함수 $y=-x^2+x$에서 $x=1$에서의 순간변화율을 구하시오.

(2) 함수 $y=x^3$에서 $x=2$에서의 순간변화율을 구하시오.

예제 5.5 ▌ 다음 곡선 위에 있는 점에서의 접선의 기울기를 구하시오.

(1) $y=-x^2+x$ $(1,\ 0)$

(2) $y=x^3$ $(2,\ 8)$

2) 도함수(導函數, derivative)

도함수는 미적분의 기본 도구이다. 도함수에서의 導는 인도하다, 이끌다 등의 의미로 사용되는 한자이다. 유도하다, 지도하다 등에 사용되니 그 의미를 파악할 수 있다. derived에서도 마찬가지이다. '미분에 의해 $f(x)$로부터 이끌어낸 함수'라고 생각하면 된다.

함수 $f(x)$의 $x=a$에서의 순간변화율, 물론 $x=a$에서 순간변화율이 존재하는 경우에 한해서 $f'(a)$는 a를 변수로 보면 하나의 함수로 생각할 수 있다. 즉 함수 $f(x)$의 정의역의 원소 x를 $f'(x)$에 대응시키는 새로운 함수를 생각할 수 있다는 의미이다. 이 함수를 우리는 **도함수**라 부르고, 도함수를 구하는 과정을 **미분한다**(differentiate)고 한다. 따라서

$$x \mapsto f'(x) = \lim_{\Delta x \to 0} \frac{f(x+\Delta x) - f(x)}{\Delta x}$$

이므로, 함수 $f(x)$의 정의역의 원소 a를 함수의 그래프 위의 점에서의 접선의 기울기 $f'(a)$에 대응시키는 것이다. (이러한 이유로 도함수는, 앞에서 설명한, 독립변수의 순간변화율에 대한 종속변수의 순간변화율의 비인 '순간변화율'로 설명될 때도 있다.) 그러므로 함수의 도함수는 곡선의 개형을 측정할 수 있는 도구가 된다. 예를 들어, 시간에 대한 이동하는 물체의 위치의 변화율은 물체의 속도이며, 이것은 시간의 흐름에 따라 물체의 위치가 얼마나 빠르게 변하는지를 알 수 있게 한다.

$y=f(x)$의 도함수는 다음과 같이 여러 가지 기호로 적을 수 있다.

$$f'(x),\quad y',\quad \frac{dy}{dx},\quad \frac{d}{dx}y,\quad \frac{df(x)}{dx},\quad \frac{d}{dx}f(x)$$

| 정리 5.6 | 함수 $f(x)$가 $x=a$에서 미분가능이면 $f(x)$는 $x=a$에서 연속이다.

[증명] 함수 $f(x)$가 $x=a$에서 미분가능이므로 $f'(a)$가 존재한다. 따라서

$$\lim_{\Delta x \to 0} f(a+\Delta x) = \lim_{\Delta x \to 0}\left(\frac{f(a+\Delta x)-f(a)}{\Delta x}\Delta x + f(a)\right) = f(a)$$

이므로, $f(x)$는 $x=a$에서 연속이다. ■

정리 5.6에 의하여 $f(x)$가 $x=a$에서 미분가능이면 $f(x)$는 $x=a$에서 연속이다. 그러나 $f(x)$가 $x=a$에서 연속이라고 해도 반드시 $x=a$에서 미분가능이지는 않다. 그 예가 여러분들이 잘 아는 $y=|x|$이다. 이 함수는 $x=0$에서 연속이지만 $x=0$에서 미분불가능이다.

예제 5.7 ▌ 도함수의 정의에 따라 다음 각 함수의 도함수를 구하시오.

(1) $y = x^3$ (2) $y = \{f(x)\}^2$ (3) $y = \sqrt{f(x)}$

[풀이] (1) $y = f(x) = x^3$라 놓으면

$$y' = \lim_{\Delta x \to 0} \frac{f(x+\Delta x) - f(x)}{\Delta x} = \lim_{\Delta x \to 0} \frac{(x+\Delta x)^3 - x^3}{\Delta x}$$

$$= \lim_{\Delta x \to 0} \frac{3x^2 \Delta x + 3x(\Delta x)^2 + (\Delta x)^3}{\Delta x} = \lim_{\Delta x \to 0} (3x^2 + 3x\Delta x + (\Delta x)^2)$$

$$= 3x^2$$

(2) $y = g(x) = \{f(x)\}^2$이라 놓으면

$$y' = \lim_{\Delta x \to 0} \frac{g(x+\Delta x) - g(x)}{\Delta x} = \lim_{\Delta x \to 0} \frac{\{f(x+\Delta x)\}^2 - \{f(x)\}^2}{\Delta x}$$

$$= \lim_{\Delta x \to 0} \frac{f(x+\Delta x) - f(x)}{\Delta x} \cdot \{f(x+\Delta x) + f(x)\}$$

$$= f'(x) \cdot 2f(x) = 2f(x)f'(x)$$

이다.

(3) $y = h(x) = \sqrt{f(x)}$라 놓으면

$$y' = \lim_{\Delta x \to 0} \frac{h(x+\Delta x) - h(x)}{\Delta x} = \lim_{\Delta x \to 0} \frac{\sqrt{f(x+\Delta x)} - \sqrt{f(x)}}{\Delta x}$$

$$= \lim_{\Delta x \to 0} \frac{f(x+\Delta x) - f(x)}{\Delta x(\sqrt{f(x+\Delta x)} - \sqrt{f(x)})}$$

$$= \lim_{\Delta x \to 0} \frac{f(x+\Delta x) - f(x)}{\Delta x} \cdot \frac{1}{2\sqrt{f(x)}}$$

$$= \frac{f'(x)}{2\sqrt{f(x)}}$$

이다.

문제 5.8 ▌ 수학적 귀납법을 사용하여 다음을 증명하시오. (단, $n \in \mathbb{N}$)

$$\frac{d}{dx} x^n = n x^{n-1}$$

3) 기본 미분법

여기서 일반적인 미분법에 대하여 살펴보자. 정리 5.9는 도함수를 구할 때의 수고스러움을 덜어준다. 특히 정리 5.10 합성함수의 미분법은 잘 익혀두면 많은 도움이 된다.

▌정리 5.9▐ 두 함수 $f(x)$, $g(x)$가 미분가능할 때,

1) $h(x)=af(x)\pm bg(x) \;\Rightarrow\; h'(x)=af'(x)\pm bg'(x)$ (단, a, b는 상수.)

2) $h(x)=f(x)\,g(x) \;\Rightarrow\; h'(x)=f'(x)g(x)+f(x)g'(x)$

3) $h(x)=\dfrac{f(x)}{g(x)} \;\Rightarrow\; h'(x)=\dfrac{f'(x)g(x)-f(x)g'(x)}{\{g(x)\}^2}$ (단, $g(x)\neq 0$)

[증명] 1) $$h'(x)=\lim_{\Delta x\to 0}\frac{[af(x+\Delta x)\pm bg(x+\Delta x)]-[af(x)\pm bg(x)]}{\Delta x}$$
$$=\lim_{\Delta x\to 0}\left[a\frac{f(x+\Delta x)-f(x)}{\Delta x}\pm b\frac{g(x+\Delta x)-g(x)}{\Delta x}\right]$$
$$=af'(x)\pm bg'(x)$$

2) $$h'(x)=\lim_{\Delta x\to 0}\frac{f(x+\Delta x)\,g(x+\Delta x)-f(x)\,g(x)}{\Delta x}$$
$$=\lim_{\Delta x\to 0}\left[\frac{f(x+\Delta x)-f(x)}{\Delta x}g(x+\Delta x)+\frac{g(x+\Delta x)-g(x)}{\Delta x}f(x)\right]$$
$$=f'(x)\,g(x)+f(x)\,g'(x)$$

3) $$h'(x)=\lim_{\Delta x\to 0}\frac{\dfrac{f(x+\Delta x)}{g(x+\Delta x)}-\dfrac{f(x)}{g(x)}}{\Delta x}$$
$$=\lim_{\Delta x\to 0}\frac{\dfrac{f(x+\Delta x)g(x)-f(x)g(x+\Delta x)}{g(x+\Delta x)g(x)}}{\Delta x}$$
$$=\lim_{\Delta x\to 0}\left[\frac{\dfrac{f(x+\Delta x)-f(x)}{\Delta x}g(x)-f(x)\dfrac{g(x+\Delta x)-g(x)}{\Delta x}}{g(x+\Delta x)\,g(x)}\right]$$
$$=\frac{f'(x)\,g(x)-f(x)\,g'(x)}{(g(x))^2}$$

■

▎정리 5.10▎ [Chain rule] 두 함수 $y=f(t)$, $t=g(x)$가 미분가능하면 합성함수 $y=(f\circ g)(x)=f(g(x))$도 미분가능하고 그 도함수는 다음과 같다.

$$\frac{dy}{dx}=\frac{dy}{dt}\cdot\frac{dt}{dx}$$

[증명] $y=(f\circ g)(x)=f(g(x))$의 도함수는

$$\frac{dy}{dx}=\lim_{\Delta x\to 0}\frac{f(g(x+\Delta x))-f(g(x))}{\Delta x}$$

이다. $g(x+\Delta x)-g(x)=\Delta t$라 두면, 정리 5.6에 의하여 $g(x)$는 연속이므로 $\Delta x\to 0$일 때 $\Delta t\to 0$이다. 따라서 다음을 얻을 수 있다.

$$\begin{aligned}\frac{dy}{dx}&=\lim_{\Delta t\to 0}\frac{f(t+\Delta t)-f(t)}{\Delta t}\cdot\lim_{\Delta x\to 0}\frac{g(x+\Delta x)-g(x)}{\Delta x}\\&=f'(t)\cdot g'(x)=\frac{dy}{dt}\cdot\frac{dt}{dx}\end{aligned}$$

■

함수 $y=(x^2+x+1)^5$을 예로 하여 합성함수의 미분법에 대하여 간단하게 언급하고 넘어가자. $y=(x^2+x+1)^5$의 도함수를 지금까지의 방법으로 구하려면 전개를 해야 하는데 그 계산이 만만하지 않다. 이런 경우 주어진 함수를 합성함수의 관점에서 바라보면 다음과 같은 합성함수의 형태로 바꿀 수 있다.

$$y=t^5,\ t=x^2+x+1$$

y는 t에 대한 함수이고, t는 x에 대한 함수이므로 $\frac{dy}{dt}=5t^4$, $\frac{dt}{dx}=2x+1$이다. 따라서 다음을 얻을 수 있다.

$$\frac{dy}{dx}=\frac{dy}{dt}\cdot\frac{dt}{dx}=(5t^4)\cdot(2x+1)=5(x^2+x+1)^4(2x+1)$$

정리 5.10을 우리들에게 익숙한 표기인 $h(x)=(f\circ g)(x)=f(g(x))$로 나타내면 $h'(x)=f'(g(x))g'(x)$임을 의미한다. 따라서

$$f(x)=x^5,\ g(x)=x^2+x+1\ \Rightarrow\ (f\circ g)(x)=f(g(x))=(x^2+x+1)^5$$

를 통해 $f'(g(x))g'(x)=5(x^2+x+1)^4(x^2+x+1)'=5(x^2+x+1)^4(2x+1)$을 얻을 수 있다. 깊은 생각과 조금의 연습이 익숙하게 할 것이다.

예제 5.11 ▌ 다음 각 함수의 도함수를 구하시오.

(1) $y = 2x^3 + 5x^2 - 7x + 1$　　(2) $y = (x^3 - 2x + 1)(x^2 - 1)$

(3) $y = \dfrac{x}{x^2 + 1}$　　(4) $y = (1 - 2x)^4$

2. 미분의 응용

이 절에서는 평균값 정리를 소개하기로 한다. 함수의 증감과 극값에 대한 내용은 다른 좋은 교재를 참고하기를 바란다.

1) 평균값 정리(mean valuc theorem)

▌정리 5.12▐ [Rolle의 정리] 구간 $[a, b]$에서 연속이고 구간 (a, b)에서 미분가능인 함수 $f(x)$가 $f(a) = f(b)$를 만족하면,

$$f'(c) = 0$$

가 되는 $c \in (a, b)$가 존재한다.

[증명] $f(x)$가 상수함수인 경우, 모든 $x \in (a,b)$에 대해서 $f'(x) = 0$이다.
$f(x)$가 상수함수가 아닌 경우, $f(d) \neq f(a)$인 $d \in [a, b]$가 존재한다. 즉 함수 $f(x)$가 구간 $[a, b]$에서 연속이므로 $f(x)$는 최댓값과 최솟값을 가진다.
$f(d) > f(a)$라 하면 어떤 점 $c \in [a, b]$에서 최댓값 $f(c)$를 가진다. 따라서 $c + h \in [a, b]$인 모든 $h(> 0)$에 대하여

$$\frac{f(c+h) - f(h)}{h} \leq 0 \text{ 이므로 } f'(c) = \lim_{h \to +0} \frac{f(c+h) - f(h)}{h} \leq 0$$

이다. 그리고 $c + h \in [a, b]$인 모든 $h(< 0)$에 대하여

$$\frac{f(c+h) - f(h)}{h} \geq 0 \text{ 이므로 } f'(c) = \lim_{h \to -0} \frac{f(c+h) - f(h)}{h} \geq 0$$

이다. 따라서 $f'(c) = 0$이다.
$f(d) < f(a)$라 할 때도 같은 방법으로 최솟값을 가지는 어떤 점 $c \in [a, b]$에서 $f'(c) = 0$인 것을 알 수 있다.
그러므로 $f'(c) = 0$을 만족하는 $c \in (a, b)$가 존재한다. ■

직관적으로 함수 $f(x)$가 나타내는 곡선의 접선 중에서 x축과 평행한 것이 하나는 반드시 있다는 뜻이다. $f(x)$가 '구간 $[a, b]$에서 연속이고 구간 (a, b)에서 미분가능'이라는 가정을 '구간 $[a, b]$에서 미분가능'이라는 조금 더 강한 조건으로 바꾸어도 괜찮다. 미분가능이면 연속이기 때문이다. 대부분의 경우 이러한 가정으로 충분하나, 구간의 끝에서 미분가능성을 가정하지 않을 때 편리한 경우도 있다. 예를 들어 함수 $f(x) = \sqrt{x}$는 구간 $[0, 1]$에서 연속이고 구간 $(0, 1)$에서 미분가능이지만, $x = 0$에서는 미분불가능이기 때문이다.

❙ 정리 5.13 ❙ [평균값 정리] 함수 $f(x)$가 구간 $[a, b]$에서 연속이고 구간 (a, b)에서 미분가능일 때,

$$\frac{f(b)-f(a)}{b-a} = f'(c)$$

를 만족하는 $c \in (a, b)$가 존재한다.

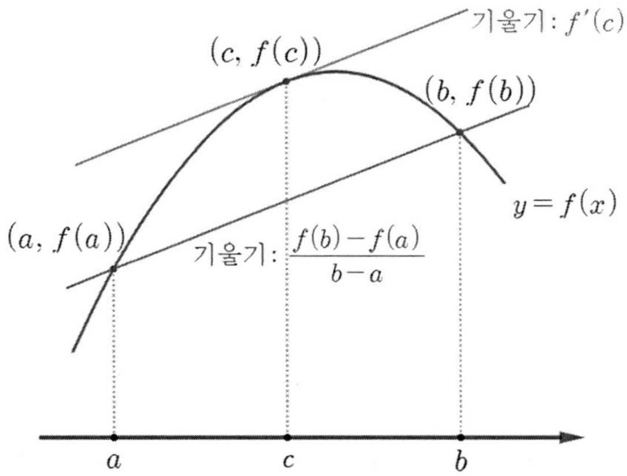

[그림 5.5] 평균값 정리의 기하학적 의미

[증명] k를 상수라 하고, 함수 $g(x) = f(x) - kx$를 생각하자. 이 함수 $g(x)$는 구간 $[a, b]$에서 연속이고 구간 (a, b)에서 미분가능이다. 따라서 $g(a) = g(b)$를 만족시키도록 k를 정하려면, $f(a) - ka = f(b) - kb$로부터 $k = \frac{f(b)-f(a)}{b-a}$라 하면 된다. 이렇게 k를 정할 때, 함수 $g(x)$는 정리 5.12 [Rolle의 정리]의 가정을 만족하기 때문에 $g'(c) = 0$가 되는 $c \in (a, b)$가 존재한다. 그런데 $g'(x) = f'(x) - k$이므로 $f'(c) = k$이다.

■

기하학적으로 미분가능한 함수의 그래프에서는 $(a, f(a))$와 $(b, f(b))$를 지나는 직선과 평행한 접선이 하나는 반드시 있다는 뜻이다. 평균값 정리는 전형적인 존재정리이다. 즉 평행한 접선의 존재는 보증하지만, 그것이 어디에 있는지에 대한 정보는 제시하지 않는다. 조건을 만족하는 c의 위치를 알고 싶을 때에는 다른 고찰이 필요하다. 그러나 많은 경우 c가 존재한다는 사실만으로 여러 가지 유용한 결론을 이끌어 낼 수 있다. 현대적 형태의 평균값 정리는 1823년 Cauchy에 의해서이다.

예제 5.14 ▍ 포물선에서 평균값 정리를 적용해 보시오.

$f(x) = px^2$라 하면 $f'(x) = 2px$이고, 구간 $[a, b]$에서

$$\frac{f(b) - f(a)}{b - a} = \frac{p(b^2 - a^2)}{b - a} = p(b + a) - 2pc$$

이므로 $c = \dfrac{b+a}{2}$이다. 즉 일반적으로 포물선 $y = px^2$에서는 구간 $[a, b]$의 중점에서의 접선이 $(a, f(a))$와 $(b, f(b))$를 지나는 직선과 평행하다.

3. doodle

1) 기호(notation)

Δx와 Δy가 각각 x, y의 유한이지만 아주 작은 변화량을 나타내는 것과 같이 dx, dy는 각각 x, y의 무한히 작은 변화량을 나타내는 기호라고 간단하게 설명할 수 있다. 이 기호는 당대 최고의 수학자 Gottfried Wilhelm Leibniz에 의해 도입되었다. 그는 함수 $y = f(x)$에서 x에 대한 y의 도함수 $\displaystyle\lim_{\Delta x \to 0} \frac{\Delta y}{\Delta x} = \lim_{\Delta x \to 0} \frac{f(x + \Delta x) - f(x)}{\Delta x}$를 x의 무한히 작은 변화량과 y의 무한히 작은 변화량의 비 $\dfrac{dy}{dx}$로 나타내었다.

Gottfried. W. Leibniz
(1646–1716)

이 기호는 함수 $y = f(x)$가 독립변수 x와 종속변수 y의 관계가 있다는 것을 나타낼 때 편리하다. 위에서 설명한 합

성함수의 미분법에서 각 함수의 독립변수와 종속변수의 관계에서 $\frac{dy}{dx}=\frac{dy}{dt}\cdot\frac{dt}{dx}$가 성립하는 것도 쉽게 알 수 있는 장점이 있다. $\frac{dy}{dx}$, $\frac{d}{dx}y$, $\frac{d(f(x))}{dx}$ 등도 그의 작품이다.

한편 y', $f'(x)$에서처럼 prime을 사용하는 기호는 Joseph Lagrange(1806-1871)의 작품이다. 그리고 Euler는 $D_x y$, $D_x f(x)$를, Newton은 $\dot{y}$를 $\frac{dy}{dx}$의 의미로 사용하였다. Euler, Newton의 기호는 처음이겠지만, 수학전공서에서는 이 기호들을 쉽게 찾을 수 있다.

2) 접선(接線, tangent line)

이 강에서 '접선'이라는 귀에 익숙한 용어를 사용하여 $\frac{dy}{dx}$를 접선의 기울기 등으로 말했지만, 실제로 우리가 공부한 내용은 접선을 정의한 것이다. 즉 $f'(x)$가 존재할 때, 점 (x, y)에서의 $f'(x)$를 기울기로 하는 직선을 $y=f(x)$의 접선이라고 말하는 것이다.

접선의 정의를 생각해보면 위 문장의 의미가 명확해진다. 접선의 '접'이라는 직관적 개념은 곡선 위의 무한히 가까운 두 점을 지나는 직선이 곡선과 만나는 것이다. 곡선 위의 두 점 A와 B를 지나는 직선[17]을 생각하여, 한 점 B를 곡선을 따라 다른 점 A에 무한히 가까이 보낼 때 이 직선의 극한을 곡선 위의 점 A에서의 **접선**이라고 정의한다. 그리고 점 A를 이 접선의 **접점**이라고 한다.

이러한 접선의 존재와 유일성은 미분가능성에 의존한다. 함수 $y=f(x)$의 그래프에서 이 곡선 위의 두 점 $(x_1, f(x_1))$과 $(x_2, f(x_2))$를 지나는 직선의 방정식은

$$y-f(x_1)=\frac{f(x_2)-f(x_1)}{x_2-x_1}(x-x_1)$$

이므로 $f'(x_1)$이 존재한다면 접선의 방정식은 $y=f'(x_1)(x-x_1)+f(x_1)$이다. 따라서 미분가능한 점에서는 반드시 접선이 존재한다. 그러나 미분가능하지 않은 점에서 접선이 존재하지 않는다고 할 수는 없다. 일반적으로 접선이 y축에 평행한 경우이다.

17) 이 직선을 할선(割線)이라 한다. 영어로 secant line인데 secant의 의미는 'cut'이다.

예를 들어, 잘 알고 있는 함수 $y=|x|$는 $x=0$에서 미분불가능이므로 $f'(0)$이 존재하지도 않고 접선도 존재하지도 않는다. 그러나 함수 $y=\sqrt[3]{x}$는 조금 상황이 다르다. $x=0$에서 미분불가능이므로 $f'(0)$이 존재하지 않지만, 접선은 존재한다. 이 접선의 방정식은 $x=0$이다. $y=\sqrt[3]{x}$의 그래프는 $x=y^3$의 그래프와 동일하고, $x=f(y)$로 생각하여 $y=0$에서 접선의 방정식을 구하면 $x=0$이다. $y=\sqrt[3]{x}$를 $y=x^3$의 역함수로 생각하여 그래프를 그려보면 쉽게 이해할 수 있다.

3) 미분(differential)

미분이라는 용어에는 differentiation과 differential이 있다. 전자의 미분은 도함수를 구하는 것을 말하지만, 후자의 미분은 고등학교 교육과정에서는 다루지 않았던 내용이다. 이 differential의 개념은 다변수함수의 미분에서는 반드시 필요하다.[18)]

함수 $y=f(x)$가 미분가능이면

$$\lim_{\Delta x\to 0}\frac{\Delta y}{\Delta x}=\lim_{\Delta x\to 0}\frac{f(x+\Delta x)-f(x)}{\Delta x}=f'(x)$$

이므로 극한의 개념을 사용하여 다음과 같이 적을 수 있다.

$$\Delta y=f(x+\Delta x)-f(x)=f'(x)\,\Delta x+\epsilon\,\Delta x$$

여기서 ϵ은 Δx를 충분히 작게 하면 얼마든지 작게 할 수 있는 양이다. 즉 $\lim\limits_{\Delta x\to 0}\epsilon=0$ 이다. 따라서 $|\Delta x|$이 충분히 작으면

$$\Delta y\fallingdotseq f'(x)\,\Delta x$$

라 적을 수 있다. 이때, Δy의 근삿값 $f'(x)\,\Delta x$를 $f(x)$의 미분(differential)이라하고 dy로 나타낸다. 그런데 $f(x)=x$일 때에는 $f'(x)=1$이므로

$$dx=1\cdot\Delta x=\Delta x$$

이다. 따라서

18) 일변수함수에서는 변화율(직선의 기울기)이 유일하게 결정되지만, 이차원으로만 가더라도 서로 다른 방향으로의 다양한 변화율을 생각할 수 있기 때문이다. 변수가 하나이면 일변수함수, 2개면 이변수함수 등으로 부른다. 2개 이상이면 일반적으로 다변수라고 한다. 예를 들면 $z=f(x,y)$라 하면 이변수함수이다. 즉 여러분은 일변수함수인 $y=f(x)$만 학습한 것이다.

$$dy = f'(x)\,dx$$

이다. 이 식의 양변을 dx로 나누면 $\frac{dy}{dx} = f'(x)$가 된다. 즉 기호 $\frac{dy}{dx}$는 우리가 이미 알고 있는 도함수로서의 의미 외에 y의 미분 dy를 x의 미분 dx로 나눈 것을 의미하기도 한다.

우리는 [그림 5.6]에서 y의 미분 dy의 기하학적인 의미를 찾을 수 있다. $\Delta x, \Delta y$는 $y = f(x)$ 그래프 위의 점의 좌표의 변화이지만, 만약 그래프 대신에 접선을 생각해 접선 위의 점 $(X,\ Y)$의 좌표의 변화를 dx, dy로 나타내어 보자. $dx = X - x$, $dy = Y - y$로 두면

$$dy = f'(x)\,dx$$

는 점 (x, y)에서의 접선의 방정식과 다름없다. 이렇게 dx, dy를 간단히 정의하면 $dy = f'(x)\,dx$의 의미는 더욱 명확해진다. 즉, dx는 변수 x의 미분, dy는 그에 대응하는 함수 y의 미분이다.

$dy = f'(x)\,dx$를 $\frac{dy}{dx} = f'(x)$라고 적으면 기호 $\frac{dy}{dx}$에서 dx와 dy는 각각의 의미를 가진다. 따라서 $dy = f'(x)\,dx$에서 $f'(x)$는 미분 dy에서의 dx의 계수이기 때문에 이를 '**미분계수**(differential coefficient)'라 부르는 것이 자연스러움을 알 수 있다.

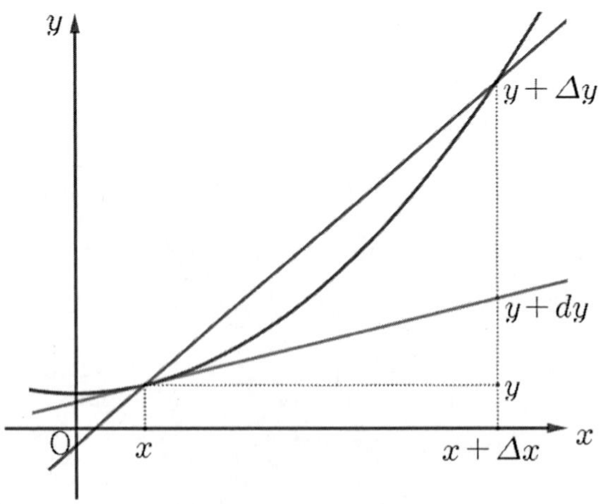

[그림 5.6] dx, dy의 의미

▶▶ 연습문제 5

1. 함수 $f(x)$가 $x=a$에서 미분가능할 때 다음 극한값을 구하시오.

$$\lim_{\Delta x \to 0} \frac{f(a+p\Delta x)-f(a+q\Delta x)}{\Delta x}$$

2. 함수 $f(x)$가 $x=2$에서 미분가능할 때, $\lim_{x \to 2} \frac{x^2 f(2)-4f(x)}{x-2}$의 값을 $f(2)$와 $f'(2)$로 나타내시오.

3. 함수 $f(x)=\begin{cases} x^2+1 & (x \leq 1) \\ \dfrac{ax+b}{x+1} & (x>1) \end{cases}$

가 $x=1$에서 미분가능할 때 상수 a, b의 값을 구하시오.

4. 두 포물선 $y=x^2-2x+2$와 $y=-x^2+ax+b$의 한 교점 P에서의 접선이 서로 수직이다. 이 때 포물선 $y=-x^2+ax+b$는 a, b의 값에 관계없이 일정한 점 Q를 지난다. 점 Q의 좌표를 구하시오.

5. 곡선 $y=x^3-kx$ 위의 점 P에서의 접선이 이 곡선 위의 다른 점 Q와 만나고 Q에서의 접선과 서로 수직이다. 이 때 실수 k의 범위를 구하시오.

6. 함수 $f(x)=x^r$의 도함수는 $f'(x)=rx^{r-1}$임을 증명하시오. (단 $r \in \mathbb{Q}$)

7. $f(x)$는 x에 관한 다항식이다. 다음을 만족할 때, $f(x)$를 구하시오.

$$f'(x)(f'(x)+2)=8f(x)+12x^2-5$$

8. 다음 함수의 도함수를 구하시오.

(1) $y=(2x+1)^2(x^2-1)^3$　　　(2) $y=\left(\dfrac{2x+2}{x^2+1}\right)^3$

9. 함수 $f(x) = x^2 + 2x$의 $x = 1$에서의 순간변화율이 구간 $[-1, k]$에서의 평균변화율과 같을 때 k의 값을 구하시오.

10. $g(x)$는 연속함수이고 $g(0) = 2$이다. $f(x) = \dfrac{x}{g(x)+1}$일 때, $f'(0)$의 값을 구하시오.

제 6 강 적분(Calculus Ⅱ)

도형의 넓이와 부피를 구하는 구적법은 그 기원조차 확실하지 않을 만큼 오래되었지만, 적분법의 기원은 너무나도 유명한 책 Euclid의 원론에 있는 method of exhaustion 등의 몇 가지 기법에서 찾을 수 있다. 이 강에서는 고등학교에서 학습한 구적법의 의미를 조금 더 깊게 하고, 아주 조금(?) 새롭다고 느껴지는 Riemann sum에 대하여 학습하기로 하자.

1. 적분(integration)

1) 부정적분(indefinite integral)

x에 대한 함수 $F(x)$의 도함수가 $f(x)$, 즉 $F'(x)=f(x)$일 때, $F(x)$를 $f(x)$의 **원시함수**(primitive function, antiderivative)라 한다.

이 정의에 따르면 예를 들어, $F_1(x)=x^3$, $F_2(x)=x^3+1$, $F_3(x)=x^3-13$ 등은 모두 $f(x)=3x^2$의 원시함수이다.

▌정의 6.1▐ 주어진 함수 $f(x)$의 모든 원시함수들의 집합을 **부정적분**이라 하고 기호로 $\int f(x)\,dx$로 나타낸다. 즉

$$\int f(x)\,dx=\{F \mid F'(x)=f(x)\}$$

이다. 이때 $f(x)$를 피적분함수, x를 적분변수라 하고 $f(x)$의 원시함수를 구하는 것을 $f(x)$를 **부정적분한다**고 한다.

▌정리 6.2▐ 만약 $F_1(x)$와 $F_2(x)$가 함수 $f(x)$의 원시함수라면 모든 x에 대하여 $F_1(x)-F_2(x)=C$를 만족하는 실수 C가 존재한다.

[증명] $g(x)-F_1(x)-F_2(x)$라 두면, 모든 x에 대하여 $g'(x)=0$이다. 따라서 $g(x)$는 상수함수이다.

정의 6.1을 보고 어? 하면서 우리가 배운 것과 다르다고 느끼는 학생은 한 번 더 생각해 보기를 권한다. 많은 학생들이 $\int f(x)\,dx = F(x) + C$를 하나의 등식이라고 생각하는 학생들을 많이 보아 왔기 때문이다. 연속함수 $f(x)$와 하나의 원시함수 $F(x)$는 $F(x) = \int_0^x f(x)\,dx$로 표현할 수 있다.

기호 dx는 사실 많은 의미를 담고 있다. 그러나 이 교재에서는 여러 미적분학의 입문서처럼 독립적인 기호로 생각하지 않고 적분에 딸린 기호로 생각할 것이다. 기호 $\int$은 독일의 수학자 Leibniz가 1675년 고안한 것으로 적분은 무한 합이라는 생각에 sum의 의미 라틴어 summa의 s에서 가져왔다.

▌정리 6.3▐ 두 함수 $f(x)$, $g(x)$와 상수 k에 대하여 다음이 성립한다.

$$\int (kf(x) \pm g(x))\,dx = k\int f(x)dx \pm \int g(x)\,dx$$

[증명] 양변을 미분하면

$$\left(\int (kf(x) \pm g(x))\,dx\right)' = kf(x) \pm g(x) = \left(k\int f(x)dx \pm \int g(x)\,dx\right)'$$

이므로 식이 성립한다.

2. 구적법(求積法, quadrature)

Archimedes의 업적은 그 아이디어와 기술적인 측면에서 17세기 수학과 필적될 정도였다고 한다. 특히 그는 구분구적법의 원형이라고 불리는 고갈법을 통하여 포물선으로 둘러싸인 영역의 넓이와 구의 겉넓이 등을 구하였다.

고대의 수학은 어떤 모양의 넓이를 같은 넓이를 가진 사각형을 기하학적으로 작도하는 과정으로 이해하였다. 이러한 과정을 quadrature라고 한다.[19] 쉬운 예를 들면 가로, 세로의 길이가 각각 2, 8인 직사각형에 대하여 한 변의 길이가 4인 정사각형을 작도하는 것이다. 이렇게 고대에서는 A 도형의 넓이는 B 도형의 넓이와 같다는 표현을 사용한 것이다. Archimedes는 '포물선과 직선으로 둘러싸인 영역의 넓이는 이 영역에 내접하는 삼각형

19) quadrature를 사전에서 찾아보면 먼저 '정사각형으로 하기'라고 나온다.

넓이의 4/3이다(정리 9.4)'와 '구의 겉넓이는 대원의 넓이의 4배이다'라는 사실을 고갈법을 이용하여 증명하였다. **고갈법**(枯渴法, method of exhaustion)은 한마디로 기본도형들을 이용해 주어진 넓이를 '고갈시키는' 방법이다. 고갈법의 기본 개념은 기본 도형들을 사용하여 주어진 영역을 메꾸어 가면 갈수록 주어진 영역의 넓이를 더 고갈시킬 수 있다는 것이다. 즉 그 기본 도형들의 넓이를 모두 더하면 주어진 영역의 넓이에 가까이 갈 것이라는 의미이다. 이 고갈법은 이후 구분구적법으로 발전하게 된다.

1) **구분구적법**(區分求積法, quadrature by parts)

함수 $f(x)\ (\geq 0)$가 구간 $[a, b]$에서 연속일 때, $[a, b]$에서 $f(x)$와 x축으로 둘러싸인 영역의 넓이 S를 구하는 방법을 생각해 보자.

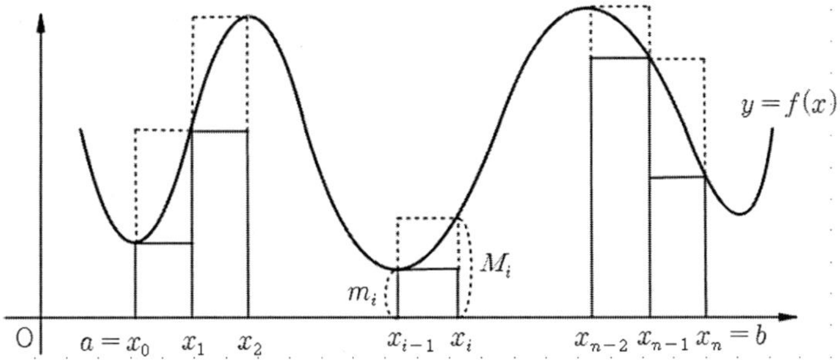

[그림 6.1] 함수 $f(x)$의 n등분

[그림 6.1]과 같이 $[a, b]$를 n등분하여 각 분점을

$$a = x_0 < x_1 < x_2 < \cdots < x_{n-1} < x_n = b$$

라 하고, 각 부분 구간 $[x_{i-1}, x_i]$에서 $f(x)$의 최솟값을 $m_i\ (i = 1, 2, \cdots, n)$라고 하자. 이때, 각 $[x_{i-1}, x_i]$에서 $x_i - x_{i-1}$을 가로의 길이, m_i를 세로의 길이로 하는 직사각형들의 넓이의 합을 s_n이라 하면 s_n은 S보다 작으며 n을 크게 하면 점점 S에 가까이 간다. 즉,

$$\lim_{n\to\infty} s_n = \lim_{n\to\infty} \sum_{i=1}^{n} m_i(x_i - x_{i-1}) = S$$

임을 알 수 있다.

같은 방법으로, 각 $[x_{i-1}, x_i]$에서 $f(x)$의 최댓값을 M_i라고 하자. 이때, 각 $[x_{i-1}, x_i]$에서 $x_i - x_{i-1}$을 가로의 길이, M_i를 세로의 길이로 하는 직사각형들의 넓이의 합을 S_n이라 하면 S_n은 S보다 크며 n을 크게 하면 점점 S에 가까이 간다. 즉,

$$\lim_{n\to\infty} S_n = \lim_{n\to\infty} \sum_{i=1}^{n} M_i(x_i - x_{i-1}) = S$$

임을 알 수 있다. 따라서

$$\lim_{n\to\infty} s_n = \lim_{n\to\infty} S_n = S$$

이다. 그러므로 함수 $f(x)$가 $[a, b]$에서 연속일 때, $[a, b]$에서 $f(x)$와 x축으로 둘러싸인 영역의 넓이를 구할 수 있다. 이 방법을 **구분구적법**이라 한다.

예제 6.4 $y = x^2$과 x축, 직선 $x = 1$로 둘러싸인 영역의 넓이 S를 구분구적법에 의하여 구하시오.

[풀이] [그림 6.2]와 같이 구간 $[0, 1]$을 n등분하여 각 분점을

$$0 = \frac{0}{n} < \frac{1}{n} < \frac{2}{n} < \cdots < \frac{n-1}{n} < \frac{n}{n} = 1$$

이라 하자. 따라서

$$S_n = \left(\frac{1}{n}\right)^2 \cdot \frac{1}{n} + \left(\frac{2}{n}\right)^2 \cdot \frac{1}{n} + \cdots + \left(\frac{n}{n}\right)^2 \cdot \frac{1}{n} = \frac{1^2 + 2^2 + \cdots + n^2}{n^3}$$

$$= \frac{1}{6}\left(1 + \frac{1}{n}\right)\left(2 + \frac{1}{n}\right)$$

이다. $\lim_{n\to\infty} \frac{1}{6}\left(1 + \frac{1}{n}\right)\left(2 + \frac{1}{n}\right) = \frac{1}{3}$이므로 넓이 S는 $\frac{1}{3}$이다.

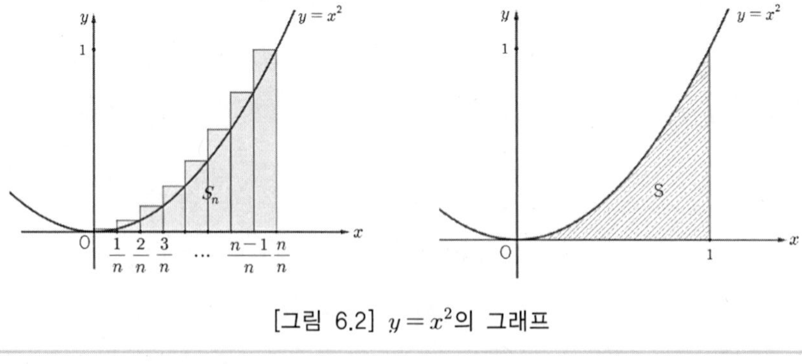

[그림 6.2] $y = x^2$의 그래프

예제 6.5 ▌

$y=x^2$과 x축, 그리고 두 직선 $x=1$, $x=3$으로 둘러싸인 영역의 넓이 S를 구분구적법에 의하여 구하시오.

예제 6.6 ▌

밑변의 길이가 a, 높이가 h인 삼각형의 넓이 S를 구분구적법에 의하여 구하시오.

3. 정적분(definite integral)

독일의 수학자 Bernhard Riemann(1826-1866). 그의 이름을 기념하기위해 붙인 곳이 있다. 바로 Riemann sum이다. Riemann 합은 유한한 합으로 적분의 값을 근사(近似)하는데 사용하는 방법이다. 구하고자 하는 영역을 직사각형(이 아니어도 된다.)으로 나눈 다음 각각의 넓이를 구해 모두 더해주면 된다.

▌정의 6.7 ▌ 함수 $f(x)$를 구간 $[a, b]$에서 정의된 연속함수라 하자. $[a, b]$에서의 임의의 분할 Δ를

$$\Delta : a = x_0 < x_1 < x_2 < \cdots < x_{n-1} < x_n = b$$

라 하자. 부분 구간 $[x_{i-1}, x_i]\,(i=1, 2, \cdots, n)$에 속하는 임의의 점 c_i를 잡아

$$\sigma(\Delta) = \sum_{i=1}^{n} f(c_i)(x_i - x_{i-1})$$

을 생각하자. 이 때 $\sigma(\Delta)$를 f의 Δ에 관한 **Riemann 합**이라고 한다.

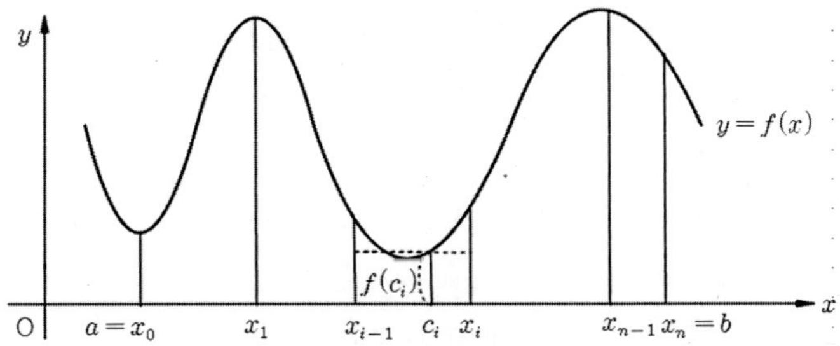

[그림 6.3] 함수 $f(x)$의 Riemann 합

여기서 $\Delta x_i = x_i - x_{i-1}$라 두고 $\Delta x = \text{Max}\{\Delta x_1, \Delta x_2, \cdots, \Delta x_n\}$라 하자. 만약 $[x_{i-1}, x_i]$에 속하는 점 c_i의 값에 관계없이 다음의 극한값이

$$\lim_{\Delta x \to 0} \sigma(\Delta) = \lim_{\Delta x \to 0} \sum_{i=1}^{n} f(c_i)\,\Delta x_i$$

이 일정한 값에 수렴한다면, $f(x)$를 구간 $[a, b]$에서 Riemann **적분가능**이라고 하며 그 극한값을 $\int_a^b f(x)\,dx$로 나타낸다. 즉,

$$\int_a^b f(x)\,dx = \lim_{\Delta x \to 0}\left(\sum_{i=1}^{n} f(c_i)\,\Delta x_i\right)$$

이다. 이때, $\int_a^b f(x)\,dx$를 함수 $f(x)$의 구간 $[a, b]$에서의 **정적분**이라고 한다. 그리고 구간의 a와 b를 각각 정적분의 **하단**, 정적분의 **상단**이라고 하고, $\int_a^b f(x)\,dx$를 구하는 것을 $f(x)$를 a에서 b까지 **적분한다**고 한다. 그리고 적분 구간을 바꿀 때는

$$\int_b^a f(x)\,dx = -\int_a^b f(x)\,dx$$

로 정의한다. 따라서 $\int_a^a f(x)\,dx = 0$이 됨은 정의로부터 바로 알 수 있다.

[그림 6.3]에서 $f(c_i)$는 직사각형의 세로, $x_i - x_{i-1}$는 가로의 길이이다. 따라서 점 c_i의 위치에 따라 Riemann 합이 변한다. c_i의 위치에 따른 특별한 경우 3가지만 제시한다.

1) left Riemann sum : 모든 i에 대하여 $c_i = x_{i-1}$인 경우.
2) right Riemann sum : 모든 i에 대하여 $c_i = x_i$인 경우.
3) midpoint Riemann sum : 모든 i에 대하여 $c_i = \dfrac{x_i + x_{i-1}}{2}$인 경우.

예제 6.8 ▌

$y = x^2$에서 $n = 4$일 때 위 3경우의 Riemann 합을 구하시오.

[그림 6.4]는 $y=x^2$에서 구간 $[0,\ 2]$를 간단히 4등분했을 때의 경우이다.

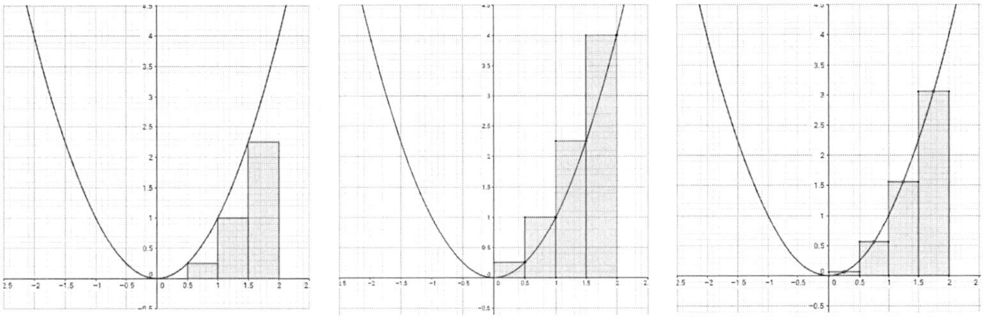

[그림 6.4] $y=x^2$의 left, right, midpoint Riemann 합($n=4$)

자연수 n이 값은 함수의 그래프, 구간 그리고 x축으로 둘러싸인 영역을 직사각형으로 나눌 때 그 직사각형의 개수를 의미한다. 이렇게 직사각형으로 만든 영역은 구하고자 하는 영역의 모양과 다르기 때문에 Riemann 합은 일반적으로 그 영역의 넓이와 다르다. 여기서 나오는 오차는 더 잘게 자른 직시각형을 사용하여, 즉 영역을 더 잘게 분할하여 줄일 수 있다. 직관적으로도 n의 값이 커질 때 right Riemann 합은 줄어들고, left Riemann 합은 커지는 것을 알 수 있다. 실제로 이 두 값의 차이가 줄어들수록 적분을 사용하여 구한 넓이에 근접해 간다. 따라서 n의 값이 커질 때, 즉 직사각형의 개수가 늘어날수록 더 정확한 값을 얻을 수 있음을 알 수 있다.

이러한 맥락에서

$$\int_a^b f(x)\,dx = \lim_{\Delta x \to 0}\left(\sum_{i=1}^{n} f(c_i)\,\Delta x_i\right)$$

의 의미를 한 번 더 파악해보자. 먼저 $f(c_i)$는 분할한 각 직사각형의 세로의 길이이고, Δx_i는 분할한 각 직사각형의 가로의 길이이다. 따라서 $f(c_i)\,\Delta x_i$는 분할한 각 직사각형의 넓이를 일컫는다. 그러므로 $\lim_{\Delta x \to 0}\left(\sum_{i=1}^{n} f(c_i)\,\Delta x_i\right)$는 분할한 각 직사각형의 넓이 모두를 더한 값에서 각 직사각형의 가로의 길이를 계속해서 작게 해 나가겠다는 의미이고, 이 극한값을 정적분이라 정의하고 기호로 $\int_a^b f(x)\,dx$으로 나타낸 것이다.

▍정리 6.9▍ 두 함수 $f(x)$, $g(x)$가 구간 $[a,\ b]$에서 적분가능이라면,

(1) 상수 α, β에 대하여 $\alpha f(x) \pm \beta g(x)$도 구간 $[a,\ b]$에서 적분가능이고

$$\int_a^b (\alpha f(x) \pm \beta g(x))\,dx = \alpha \int_a^b f(x)\,dx \pm \beta \int_a^b g(x)\,dx$$

이 성립한다.

(2) $a < c < b$인 실수 c에 대하여

$$\int_a^b f(x)\,dx = \int_a^c f(x)\,dx + \int_c^b f(x)\,dx$$

이 성립한다.

(3) 구간 $[a,\ b]$에서 $f(x) \geq g(x)$이면

$$\int_a^b f(x)\,dx \geq \int_a^b g(x)\,dx$$

이다. 단, 등호는 $f(x)$, $g(x)$가 구간 $[a,\ b]$에서 연속이고 $f(x) = g(x)$일 때 성립한다.

[증명] (1) 구간 $[a,\ b]$에서의 임의의 분할 Δ

$$\Delta : a = x_0 < x_1 < x_2 < \cdots < x_{n-1} < x_n = b$$

의 각 부분 구간 $[x_{i-1},\ x_i]$에서 임의의 점 c_i를 잡자. 또한 $\Delta x_i = x_i - x_{i-1}$라 두고 $\Delta x = \mathrm{Max}\{\Delta x_1,\ \Delta x_2,\ \cdots,\ \Delta x_n\}$라 하자. 그러면

$$\begin{aligned}\int_a^b (\alpha f(x) \pm \beta g(x))\,dx &= \lim_{\Delta x \to 0} \sum_{i=1}^{n} (\alpha f(c_i) \pm \beta g(c_i))\,\Delta x_i \\ &= \lim_{\Delta x \to 0} \alpha \sum_{i=1}^{n} f(c_i)\,\Delta x_i \pm \lim_{\Delta x \to 0} \beta \sum_{i=1}^{n} g(c_i)\,\Delta x_i \\ &= \alpha \int_a^b f(x)\,dx \pm \beta \int_a^b g(x)\,dx\end{aligned}$$

이므로 $\alpha f(x) \pm \beta g(x)$는 구간 $[a,\ b]$에서 적분가능이고 등식도 성립한다.

(2) 구간 $[a,\ b]$에서 c를 분점으로 가지는 분할 Δ

$$\Delta : a = x_0 < x_1 < x_2 < \cdots < c = x_k < \cdots < x_{n-1} < x_n = b$$

의 각 부분 구간 $[x_{i-1},\ x_i]$에서 임의의 점 c_i를 잡자. 또한 $\Delta x_i = x_i - x_{i-1}$라 두고 $\Delta x = \mathrm{Max}\{\Delta x_1,\ \Delta x_2,\ \cdots,\ \Delta x_n\}$라 하자. 그러면

$$\begin{aligned}\int_a^b f(x)\,dx &= \lim_{\Delta x \to 0} \sum_{i=1}^{n} f(c_i)\,\Delta x_i \\ &= \lim_{\Delta x \to 0} \sum_{i=1}^{k} f(c_i)\,\Delta x_i + \lim_{\Delta x \to 0} \sum_{i=k+1}^{n} f(c_i)\,\Delta x_i \\ &= \int_a^c f(x)\,dx + \int_c^b f(x)\,dx\end{aligned}$$

이므로 $f(x)$는 구간 $[a, c]$와 $[c, b]$에서 적분가능이고 등식도 성립한다.

(3) 정적분의 정의에 의하여 명백하므로 증명은 생략한다.

▌주의 6.10▐ 함수 $f(x)$가 구간 $[a, b]$에서 적분가능이면 구간 $[a, b]$의 부분 구간 $[\alpha, \beta]$에서도 적분가능이다. 따라서 구간 $[a, b]$의 임의의 세 점 α, β, γ에 대하여 다음이 성립한다.

$$\int_\alpha^\beta f(x)\,dx = \int_\alpha^\gamma f(x)\,dx + \int_\gamma^\beta f(x)\,dx$$

▌정리 6.11▐ [적분의 평균값 정리] 함수 $f(x)$가 구간 $[a, b]$에서 연속이라면,

$$\int_a^b f(x)\,dx = f(c)(b-a)$$

를 만족하는 $c \in (a, b)$가 존재한다.

[증명] 구간 $[a, b]$에서 연속이므로 함수 $f(x)$의 최댓값을 M, 최솟값을 m이라 하면 $m \le f(x) \le M$이다. 따라서

$$\int_a^b m\,dx \le \int_a^b f(x)dx \le \int_a^b M dx$$

이므로

$$m(b-a) \le \int_a^b f(x)dx \le M(b-a) \;\Rightarrow\; m \le \frac{1}{b-a}\int_a^b f(x)dx \le M$$

로 된다. 여기서 $\alpha = \dfrac{1}{b-a}\displaystyle\int_a^b f(x)dx$라 두면, $m \le \alpha \le M$으로부터 중간값 정리에 의하여 $f(c) = \alpha = \dfrac{1}{b-a}\displaystyle\int_a^b f(x)dx$인 $c \in (a, b)$가 존재한다.

$f(x) > 0$일 때, 적분의 평균값 정리는 [그림 6.5]로 설명할 수 있다.

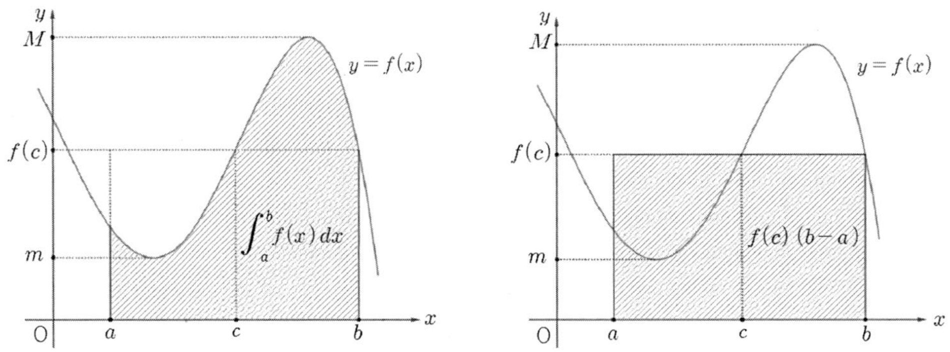

[그림 6.5] 적분의 평균값 정리

❙ 정리 6.12 ❙ [미적분의 기본정리 1] 함수 $f(x)$가 $[a, b]$에서 연속일 때, 임의의 점 $x \in [a, b]$에 대하여 $F(x) = \int_a^x f(t)\,dt$라 두면, $F(x)$는 미분가능이고

$$F'(x) = f(x)$$

이다.

[증명] $x, x+\Delta x \in [a, b]$일 때, 적분의 평균값 정리에 의하여

$$\begin{aligned} F(x+\Delta x) - F(x) &= \int_a^{x+\Delta x} f(t)\,dt - \int_a^x f(t)\,dt \\ &= \int_x^{x+\Delta x} f(t)\,dt = \Delta x\, f(c) \end{aligned}$$

를 만족하는 $c \in (x, x+\Delta x)$가 존재한다. $\Delta x \to 0$일 때 $c \to x$이므로

$$\frac{F(x+\Delta x) - F(x)}{\Delta x} = f(c) \;\Rightarrow\; \lim_{\Delta x \to 0} \frac{F(x+\Delta x) - F(x)}{\Delta x} = f(x)$$

이다. 그러므로 도함수의 정의에 의하여 $F'(x) = f(x)$이다.

■

정리 6.12는 미적분의 제1기본정리라고도 불린다. 함수를 적분한 후 미분하면 원래 함수가 된다는 뜻이다. 즉 원시함수 $F(x)$의 도함수는 $f(x)$임을 말한다. 기호로 적으면

$$\frac{d}{dx}F(x) = \frac{d}{dx}\int_a^x f(t)\,dt = f(x)$$

이다. 다 알고 있는 내용이다. 그런데 조금 더 깊이 생각해보자.

이 정리는 원시함수의 존재정리이다. 그러나 추상적인 존재정리가 아니라 주어진 함수 $f(x)$의 정적분을 이용해 정의한 함수 $F(x)$가 $f(x)$의 수많은 원시함수 중에 하나임을 뜻한다.

[그림 6.6]을 이용해 설명해보자. 연속함수 $y=f(x)$에 대하여, 구간 $[0, x]$에서 x축과 둘러싸인 영역을 나타내는 함수 $F(x)$를 생각하고 이를 영역함수라고 부르자. 구간 $[x, x+\Delta x]$에서의 곡선의 아래 영역은 $F(x+\Delta x)-F(x)$가 된다.

한편, 이 영역은 $\Delta x f(x)+\Delta x(f(x+\Delta x)-f(x))$로도 나타낼 수 있다. 따라서 $F(x+\Delta x)-F(x)=\Delta x f(x+\Delta x)$이다. 그러므로

$$\frac{F(x+\Delta x)-F(x)}{\Delta x}=f(x+\Delta x) \Rightarrow \lim_{\Delta x\to 0}\frac{F(x+\Delta x)-F(x)}{\Delta x}=f(x)$$

가 된다.

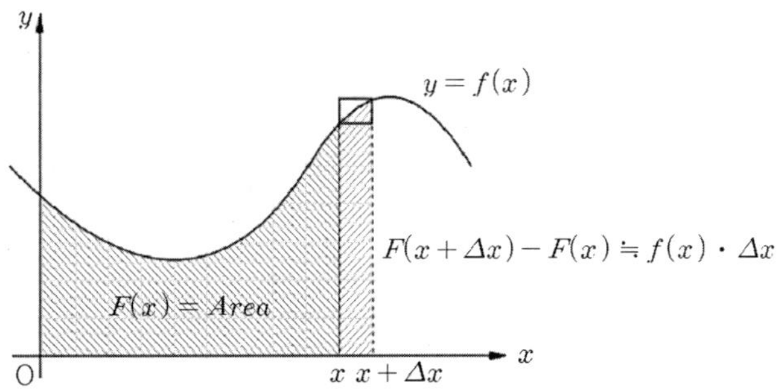

[그림 6.6] 기하학적 의미

즉, 영역함수 $F(x)$의 미분이 존재하고 그것이 원래 함수 $f(x)$이다. 그러므로 영역함수는 원래 함수의 원시함수이다. 이것이 미적분의 기본정리의 핵심이다. 여러분이 알고 있던 함수의 원시함수를 구해서 그 아래의 넓이를 구하는 방법과 '반대'이다.

▎정리 6.13▎ [미적분의 기본정리 2] 함수 $f(x)$가 구간 I에서 연속이고, 함수 $F(x)$가 $f(x)$의 한 원시함수이면 I에 속하는 임의의 두 점 a, b에 대하여

$$\int_a^b f(x)\,dx = F(b)-F(a)$$

이다.

[증명] $G(x)=\int_a^x f(t)\,dt$라 두면 $G(x)=F(x)+C$로 나타낼 수 있다. 따라서 $G(a)=0$에서 $C=-F(a)$이다. 그러므로 다음이 성립한다.

$$\int_a^b f(x)\,dx=G(b)=F(b)-F(a)$$

▎주의 6.14▎ 정리 6.13에서 $F(b)-F(a)=[F(x)]_a^b$로 나타낸다.

적분 이론의 출발점은 넓이, 부피를 것으로 Archimedes의 시대까지 거슬러 올라간다. 한편 Descartes의 좌표 도입에 의해 양의 변화를 그래프로 나타낼 수 있게 되었고 운동의 속도, 접선 등의 문제를 인식하게 되었다. 즉 Newton과 Leibniz 이전의 시대에는 넓이를 구하는 것과 접선을 구하는 것은 별개의 문제였다. 이 정리 6.12를 중요하게 생각하는 이유는 전혀 관련이 없던 두 분야가 실제로는 매우 밀접한 관계를 가지고 있음을 보여주기 때문이다. 따라서 미적분의 제2기본정리라고도 불리는 정리 6.13 덕분에 미분과 적분이 하나의 체계를 이루었다고 말할 수 있다. 또한 우리들에게 Riemann 합의 극한값을 구하는 수고를 덜어주는 큰 선물이 되었다.

4. Doodle

Bernhard Riemann
(1826–1866)

Bernhard Riemann은 독일의 수학자로 어릴 때부터 수학에 재능을 보인 것으로 알려져 있다. 1846년 Göttingen 대학에 입학하여 당대 최고의 수학자 Gauss에게서 수학을 배우고 박사 학위를 받았다. Gauss는 젊은 수학자에게 특별한 관심이 없었으나 Riemann만큼은 항상 높이 평가하였다고 전해진다. 그의 이름이 남아있는 수학용어로는 Riemann기하학, Cauchy-Riemann방정식, Riemann zeta함수 등이 있다. 사실 너무 많아서 모두 적기가 곤란하다. 특히 Riemann기하학은 비유클리드기하학으로 Einstein의 일반상대성이론의 기초를 제공하였다. 그는 39살에 결핵으로 생을 마치게 된다. Riemann의 기하학에 대한 공헌은 수학사에서도 손꼽히는 업적으로 알려져 있다.

마침 여백도 있고. 앞에서 학습한 적분에 대한 응용으로 곡선의 길이를 생각해보자. 미적분학의 강력함을 체감할 수 있다. 아이디어도 똑 같다.

[그림 6.7]에서처럼 평면 위의 곡선 C 위의 점 $P_0, P_1, P_2, \cdots, P_{n-1}, P_n$를 선택한다. n을 충분히 크게 하여 선분 $\overline{P_{i-1}P_i}$의 길이를 충분하게 작게 하여 갈 때에 그 합 $\sum\overline{P_{i-1}P_i}$가 어떤 일정한 극한값 L에 가까워질 때 이 곡선은 길이를 가진다고 하고 L을 **곡선 C의 길이**라고 한다.

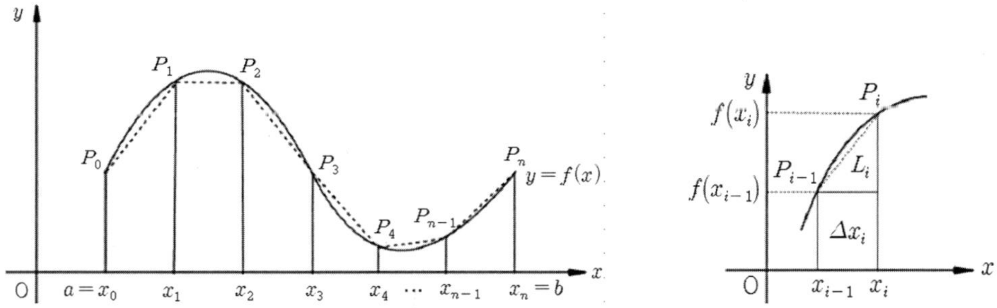

[그림 6.7] 곡선 $y=f(x)$의 길이

평면 위의 곡선 $y=f(x)$가 구간 $[a, b]$에서 연속인 도함수 $f'(x)$을 가진다고 하자. 구간 $[a, b]$의 하나의 분할

$$a = x_0 < x_1 < x_2 < \cdots < x_{n-1} < x_n = b$$

에 대하여 각각의 분점 $x_0, x_1, x_2, \cdots, x_{n-1}, x_n$에 대응하는 곡선 위의 점을 각각 $P_0, P_1, P_2, \cdots, P_{n-1}, P_n$이라 하자. 그리고 $\Delta x_i = x_i - x_{i-1}$라 두고 $\Delta x = \mathrm{Max}\{\Delta x_1, \Delta x_2, \cdots, \Delta x_n\}$라 하자.

두 점 P_{i-1}과 P_i를 잇는 선분 $P_{i-1}P_i$의 길이를

$$L_i = \sqrt{(\Delta x_i)^2 + \{f(x_i) - f(x_{i-1})\}^2}$$

이라 두자. 미분의 평균값 정리에 의하여 구간 (x_{i-1}, x_i) 내의 한 점 c_i가 존재하여

$$\frac{f(x_i) - f(x_{i-1})}{x_i - x_{i-1}} = f'(c_i)$$

이다. 따라서 선분의 길이는

$$L_i = \sqrt{(\Delta x_i)^2 + \{f'(c_i)\,\Delta x_i\}^2} = \sqrt{1 + \{f'(c_i)\}^2}\,\Delta x_i$$

이 된다. 그러므로

$$\begin{aligned} \mathrm{L} &= \lim_{\Delta x \to 0} \sum_{i=1}^{n} \sqrt{1 + \{f'(c_i)\}^2}\,\Delta x \\ &= \int_a^b \sqrt{1 + \{f'(x)\}^2}\,dx \end{aligned}$$

을 얻는다.

곡선 $y = \frac{1}{3}\sqrt{x}\,(x-3)$에서 $1 \le x \le 9$까지의 길이를 구해보자.

$y = \frac{1}{3}x^{3/2} - x^{1/2}$에서 $y' = \frac{1}{2}(x^{1/2} - x^{-1/2})$이다. 따라서

$$\mathrm{L} = \int_1^9 \sqrt{1 + \frac{1}{4}(x^{1/2} - x^{-1/2})^2}\,dx = \frac{32}{3}$$

이다. 우리는 곡선의 길이도 구할 수 있게 되었다. 그런데 이 예는 여러분이 적분을 할 수 있는 곡선으로 구성되어 있다. 공식에서 볼 수 있듯이 사실은 무리함수를 적분해야하기 때문에 함수의 적분법에 대하여 조금 더 공부해야만 한다. 간단한 함수 $y = x^2$에 대하여 생각해보라. 이 교재의 수준으로는 약간(?)의 무리가 따른다.

▶▶ 연습문제 6

1. 다음 부정적분을 구하시오.

(1) $\int (x+1)^3\,dx$ (2) $\int (3x-2)^4\,dx$

(3) $\int \frac{dx}{(3-4x)^2}$ (4) $\int \frac{dx}{\sqrt[3]{1-2x}}$

2. $y=f(x)$가 x축에 접하고 $f'(x)=x^2-6x+5$이다. $f(x)$를 구하시오.

3. 삼차함수 $f(x)$와 그 부정적분 $F(x)$ 사이에 $F(x)=xf(x)-6x^3(x-1)$이 성립할 때, $f(x)$를 구하시오. (단, $f(1)=0$이다.)

4. $f(x)=x^3+2x^2+3x+4$에 대하여

$$\frac{d}{dx}\{f(x)+g(x)\}=\int \{f(x)-g(x)\}\,dx$$

이 성립할 때, 삼차함수 $g(x)$를 구하시오.

5. 다음 정적분의 값을 구하시오.

(1) $\int_1^2 (x-1)^3\,dx$ (2) $\int_0^2 \left(1-\frac{x}{2}\right)^5 dx$ (3) $\int_1^{14} \frac{dx}{\sqrt[3]{2x-1}}$

6. $f'(x)$가 연속함수이고 $f(1)=2$, $f'(1)=1$일 때 다음을 구하시오.

$$\lim_{x\to 1}\frac{1}{x-1}\int_1^x \{f(t)\}^2 f'(t)\,dt$$

7. $f(x)$는 x에 관한 다항식이다. 다음을 만족할 때, $f(x)$를 구하시오.

$$f(x)+\int_0^x (t+2)f'(t)\,dt=2x^3+8x^2-6x+1$$

8. 정적분을 이용하여 다음 극한값을 구하시오.

(1) $\lim_{n\to\infty}\sum_{k=1}^{n}\left(1+\frac{2k}{n}\right)\frac{3}{n}$　　　(2) $\lim_{n\to\infty}\sum_{k=1}^{n}\left(1+\frac{2k}{n}\right)^3\frac{2}{n}$

9. 삼차곡선 $f(x)=ax^3+bx^2+cx+d$와 이 곡선 위의 한 점 $(\alpha, f(\alpha))$ 위에서 그은 접선 $y=mx+n$이 다시 이 곡선과 만나는 점을 $(\beta, f(\beta))$라 할 때, 곡선 $y=f(x)$와 접선 $y=mx+n$으로 둘러싸인 영역의 넓이를 구하시오.

10. 사차곡선 $f(x)=ax^4+bx^3+cx^2+dx+e$와 이 곡선 위의 점 $(\alpha, f(\alpha))$와 $(\beta, f(\beta))$에 동시에 접하는 접선 $y=mx+n$으로 둘러싸인 영역의 넓이를 구하시오.

11. 두 곡선 $y=\sqrt{x}$, $y=-\sqrt{x}$ 및 $x=1$로 둘러싸인 영영의 넓이를 구하시오.

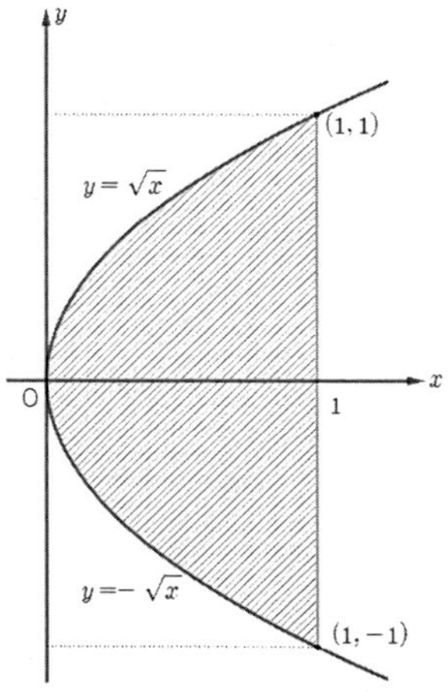

12. 두 직선 $y=x+1$, $y=\frac{1}{2}x$ 및 $x=0$, $x=1$로 둘러싸인 영영의 넓이를 구하시오.

제 7 강 잡동사니 Ⅰ (Miscellaneousness Ⅰ)

이 강의 제목은 '잡동사니'이다. 반듯하지 못한 내용들이 아니고 잡다한 내용이 한곳에 뒤섞여 있어 붙인 것이다. 이러한 의미에서 7강과 8강에서는 다음 강에서 필요로 하는 삼각함수, 평면도형의 넓이 및 회전체의 부피 등에 관한 내용들을 학습하기로 한다. 어려운 내용들은 아니지만, 현행 교육과정에서 삭제된 관계로 하나의 강으로 구성하였다.

1. 삼각함수(Trigonometric functions)

삼각함수는 각에 대한 함수, 즉 삼각형의 각의 크기와 변의 길이의 관계를 기술하는 함수라고 할 수 있다. **삼각법**(Trigonometry)에서 삼각함수라는 용어가 유래하였고, 단위원을 이용한 정의에서 유래한 명칭으로 **원형함수**(circular function)라고 부르기도 한다.

일반적으로 삼각함수는 직각삼각형에서, 단위원 $x^2+y^2=1$에서 정의할 수 있다. 이는 모두 고등학교에서 학습한 내용이다.

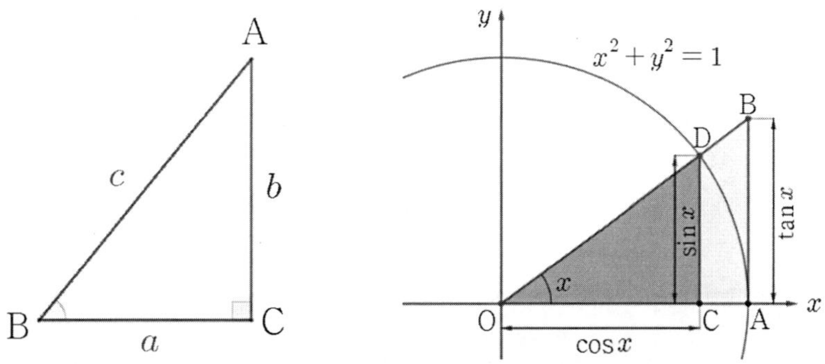

[그림 7.1] 삼각함수의 정의

오른쪽 그림과 같이 평면 위의 한 점 O로부터 시작되는 두 반직선 $\overrightarrow{OX}$와 $\overrightarrow{OP}$로 만들어지는 도형을 **각**이라 하고, 동경 $\overrightarrow{OP}$가 시초선 $\overrightarrow{OX}$를 출발하여 회전한 양을 **각의 크기** 즉 **각도**라고 한다. 이때 동경 $\overrightarrow{OP}$가 시계 반대 방향으로 회전한 각을 양의 각, 시계 반대 방향으로 회전한 각을 음의 각이라 한다.

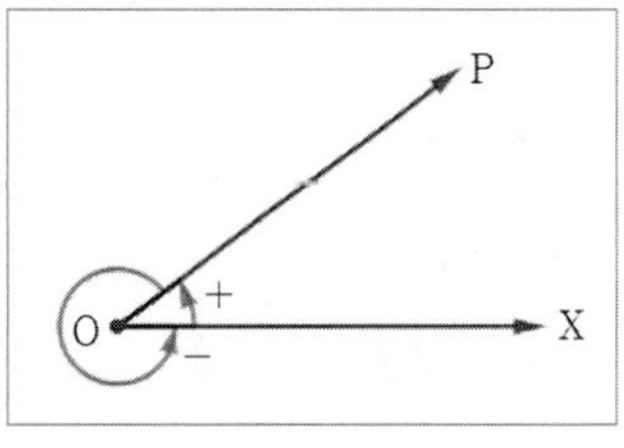

[그림 7.2]에서처럼 각도 θ에 대한 모든 삼각함수는 원점을 중심으로 하는 단위원 위에서 기하학적으로 작도할 수 있다. 이 그림을 잘 이해하고 있으면, 세 개의 직각삼각형에서 Pythagoras 정리를 이용하면

$$\sin^2\theta + \cos^2\theta = 1,\ \tan^2\theta + 1 = \sec^2\theta,\ 1 + \cot^2\theta = \csc^2\theta$$

가 성립하는 것을 쉽게 알 수 있다.

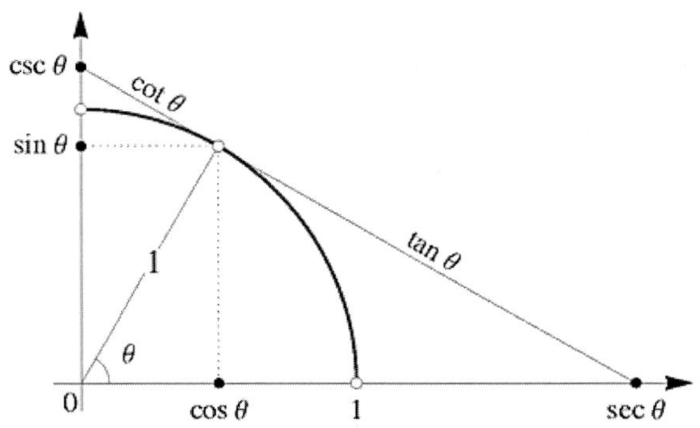

[그림 7.2] 삼각함수의 기하학적 작도

이 교재에서는 특별히 지정하지 않는 경우 삼각형 ABC의 세 각 ∠A, ∠B, ∠C의 크기를 각각 A, B, C로 나타내고, 세 변 BC, CA, AB의 길이를 각각 a, b, c로 나타내기로 약속한다. 이 a, b, c, A, B, C를 일반적으로 **삼각형의 6요소**라 한다.

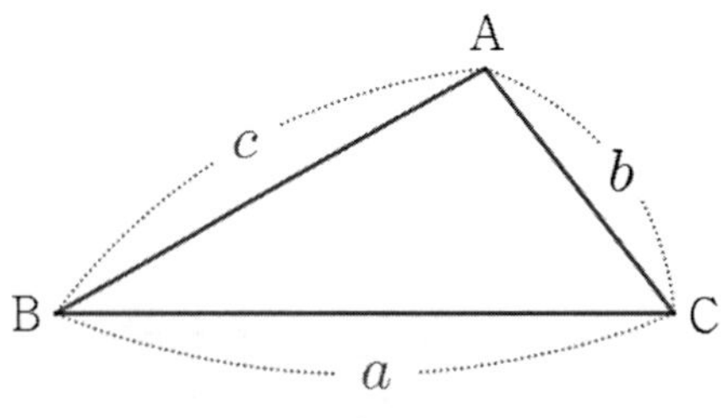

[그림 7.3] 삼각형의 6요소

지금부터 학습할 sin법칙과 cos법칙은 2009 개정 수학과 교육과정에서 학습량 경감을 위해 삭제된 내용이다. 그러나 이 두 법칙은 수학의 유용성과 실용성을 경험할 수 있는 아주 좋은 기초적 내용일 뿐만 아니라 기하의 문항을 해결하는데 매우 강력한 도구이다. 2015 개정 수학과 교육과정에서는 다시 이 내용을 학습하도록 하였다.

1) sin법칙(law of sines)

sin법칙은 일반적인 삼각형에서 성립하는 삼각형의 세 각의 sin함수와 세 변의 길이 사이의 관계를 나타내는 식이다.

▌정리 7.1▐ [sin법칙] 삼각형 ABC에서 ∠A, ∠B, ∠C의 대변의 길이를 각각 a, b, c라 하면 다음이 성립한다.

$$\frac{a}{\sin A}=\frac{b}{\sin B}=\frac{c}{\sin C}=2R$$

단, R은 삼각형 ABC의 외접원의 반지름의 길이이다.

[증명] 삼각형 ABC의 외접원의 중심을 O라 하고, 꼭짓점 B를 지나는 외접원의 지름의 다른 한 끝을 A′이라고 하면 선분 BA′은 지름이므로 길이는 $2R$이다. ∠A가 예각, 직각, 둔각인 경우로 나누어 증명해 보자.

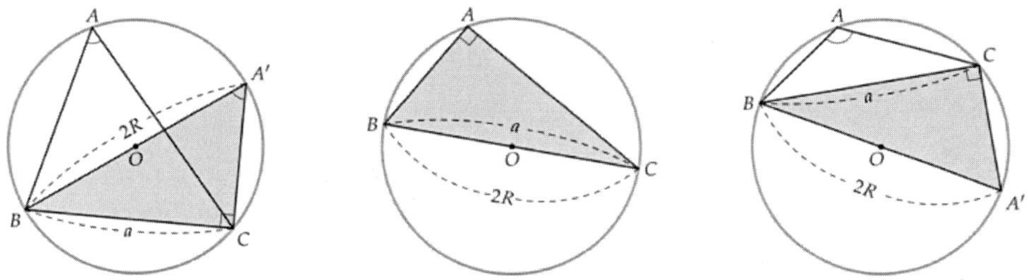

[그림 7.4] ∠A가 예각, 직각, 둔각인 경우

∠A가 예각인 경우, ∠A = ∠A′이고 ∠BCA′ = $\pi/2$이므로

$$\sin A=\sin A'=\frac{a}{2R}.$$

∠A가 직각인 경우, $\sin A=1$이고 $a=2R$이므로

$$\sin A=\frac{a}{2R}.$$

∠A가 둔각인 경우, ∠A + ∠A′ = π이고 ∠BCA′ = $\pi/2$이므로

$$\sin A=\sin(\pi-A)=\sin A'=\frac{a}{2R}.$$

따라서 $\sin A=\frac{a}{2R}$이다. 같은 방법으로 $\sin B=\frac{b}{2R}$, $\sin C=\frac{c}{2R}$도 증명된다. ■

sin법칙은 임의의 삼각형에서 두 각의 크기와 한 변의 길이를 알 때 이를 이용하면 나머지 두 변의 길이를 구할 수 있다는 의미이다. 두 각의 크기를 안다는 것은 나머지 하나의 각의 크기도 쉽게 알 수 있다. 따라서 두 각의 크기와 두 각 사이의 한 변의 길이가 주어진 것과 사실 동일하다. 그러나 각의 크기가 30° 등의 특수한 각이 아닐 경우 sin법칙만으로는 해결이 불가능하다. 그리고 예제 7.5에서처럼 삼각형이 하나로 결정되지 않는 경우도 있음에 유의하도록 하자.

예제 7.2 ▌ 삼각형 ABC에서 $a=1$, $b=2$, $\mathrm{A}=30°$일 때, B를 구하시오.

[풀이] $\dfrac{1}{\sin 30°}=\dfrac{2}{\sin \mathrm{B}}$이므로 $\sin\mathrm{B}=1$이다. 따라서 $\mathrm{B}=90°$이다.

문제 7.3 ▌ 삼각형 ABC에서 $\sin^2\mathrm{A}=\sin^2\mathrm{B}+\sin^2\mathrm{C}$이면 이 삼각형은 ∠A가 직각인 직각삼각형임을 보이시오.

[풀이] 정리 7.1에서 $\sin\mathrm{A}=\dfrac{a}{2R}$, $\sin\mathrm{B}=\dfrac{b}{2R}$, $\sin\mathrm{C}=\dfrac{c}{2R}$이므로

$$\left(\frac{a}{2R}\right)^2=\left(\frac{b}{2R}\right)^2+\left(\frac{c}{2R}\right)^2$$

이다. 따라서 $a^2=b^2+c^2$이므로 ∠A가 직각인 직각삼각형이다.

문제 7.4 ▌

$a\sin^2\mathrm{A}=b\sin^2\mathrm{B}$가 성립하는 삼각형 ABC는 어떤 삼각형인지 밝히시오.

예제 7.5 ▌ 삼각형 ABC에서 $\mathrm{B}=30°$이고 $b=15$, $c=15\sqrt{3}$일 때, 나머지 요소 a와 A, C를 구하시오.

[풀이] $\dfrac{15}{\sin 30°}=\dfrac{15\sqrt{3}}{\sin\mathrm{C}}$이므로 $\sin\mathrm{C}=\dfrac{\sqrt{3}}{2}$이다. 따라서 $\mathrm{C}=60°$ 또는 $120°$이다. 먼저 $\mathrm{C}=60°$인 경우, $\mathrm{A}=90°$이므로 $a=30$이다. $\mathrm{C}=120°$인 경우는 $\mathrm{A}=30°$이므로 이등변삼각형이다. 따라서 $a=15$이다.

2) cos법칙(law of cosines)

cos법칙은 직각삼각형에서 성립하는 Pythagoras정리를 일반적인 삼각형으로 일반화한 것이다.

▌정리 7.6▐ [cos법칙] 삼각형 ABC에서 변의 길이를 각각 a, b인 두 변의 사이의 각을 θ라 하면 나머지 한 변의 길이 c에 대하여 다음이 성립한다.

$$c^2 = a^2 + b^2 - 2ab\cos\theta$$

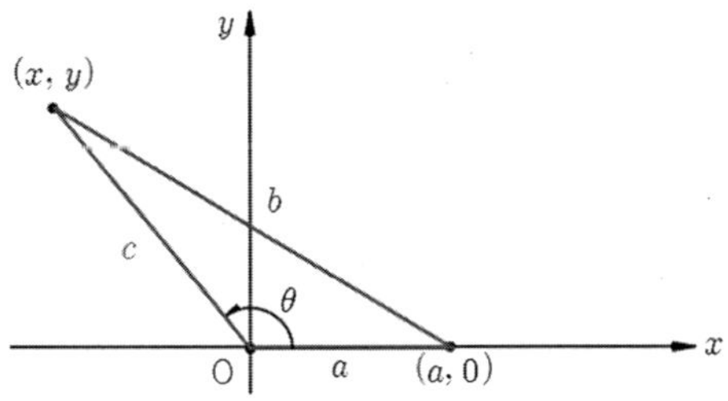

[그림 7.5]

[증명] [그림 7.5]에서처럼 두 변의 길이를 각각 a, b이고, 두 변의 사이의 각을 θ라 하자. 그러면 삼각함수의 정의로부터

$$(x, y) = (b\cos\theta,\ b\sin\theta)$$

이다. 따라서 점 (x, y)와 점 $(a, 0)$ 사이의 거리의 제곱으로부터

$$c^2 = (b\cos\theta - a)^2 + b^2\sin^2\theta = a^2 + b^2 - 2ab\cos\theta.$$

을 얻는다.

■

만일 주어진 삼각형이 θ가 직각인 직각삼각형이면 $\cos\theta = 0$이므로 cos법칙은 바로 Pythagoras정리 $c^2 = a^2 + b^2$가 된다. 이 cos법칙은 두 변의 길이와 그 사이의 각을 알 때 나머지 한 변의 길이를 알 수 있고, 세 변의 길이를 알 때 모든 내각의 크기를 알 수 있다는 의미이다. 정말 대단한 식이다.

한편, 삼각형 ABC에서 $\angle A$, $\angle B$, $\angle C$의 대변의 길이를 각각 a, b, c라 하면 다음이 성립한다. 이를 소위 제1cos법칙이라고도 부른다.

$$a = b\cos C + c\cos B$$

삼각형 ABC의 꼭짓점 A에서 변 BC에 내린 수선의 발을 H라 하자.

$\angle$C가 예각인 경우, $a=\overline{\mathrm{CH}}+\overline{\mathrm{HB}}=b\cos\mathrm{C}+c\cos\mathrm{B}$.

$\angle$C가 직각인 경우, $\cos\mathrm{C}=0$이므로 $a=c\cos\mathrm{B}=b\cos\mathrm{C}+c\cos\mathrm{B}$.

$\angle$C가 둔각인 경우, $a=\overline{\mathrm{BH}}-\overline{\mathrm{CH}}=c\cos\mathrm{B}-b\cos(\pi-\mathrm{C})=b\cos\mathrm{C}+c\cos\mathrm{B}$.

따라서 $a=b\cos\mathrm{C}+c\cos\mathrm{B}$임을 증명하였다.

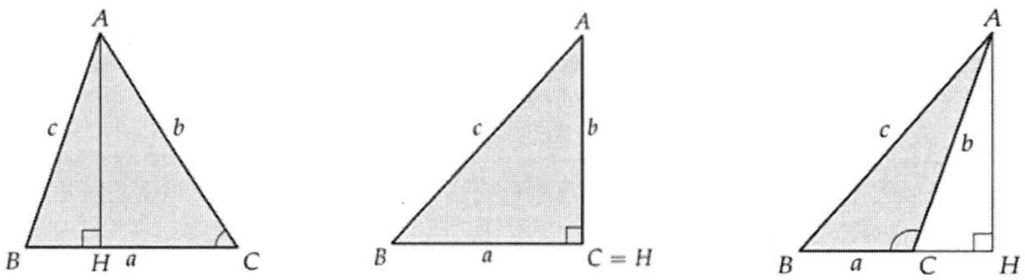

[그림 7.6] ∠C가 예각, 직각, 둔각인 경우

같은 방법으로 $b=c\cos\mathrm{A}+a\cos\mathrm{C}$와 $c=a\cos\mathrm{B}+b\cos\mathrm{A}$도 얻을 수 있다.

예제 7.7 ▎ $\triangle$ABC에서 $\mathrm{A}=105°$, $\mathrm{B}=30°$이고 $b=\sqrt{2}$, $c=2$일 때, a를 구하시오.

[풀이] $a=b\cos\mathrm{C}+c\cos\mathrm{B}=\sqrt{2}\cos45°+2\cos30°=1+\sqrt{3}$이다.

예제 7.8 ▎ $\triangle$ABC에서 $b=3$, $c=5$, $\mathrm{A}=120°$일 때, a를 구하시오.

[풀이] $a^2=3^2+5^2-2\cdot3\cdot5\cos120°=49$이므로 $a=7$이다.

문제 7.9 ▎

$a\cos\mathrm{A}=b\cos\mathrm{B}$가 성립하는 $\triangle$ABC는 어떤 삼각형인지 밝히시오.

문제 7.10 ▎

$\triangle$ABC에서 $a=\sqrt{2}$, $b=2$, $c=\sqrt{3}+1$일 때, 내각 중에서 최대의 각의 크기를 구하시오.

3) 삼각함수의 덧셈정리

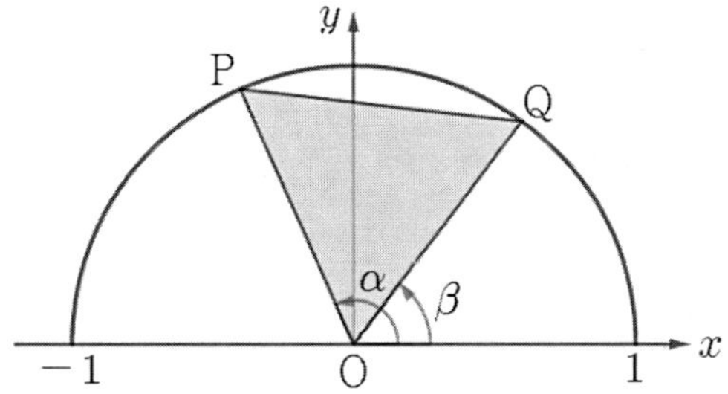

[그림 7.7] 삼각함수의 덧셈정리

[그림 7.7]에서처럼 각 α, β가 나타내는 동경과 단위원과의 교점을 각각 P, Q라 하면 두 점 P, Q의 좌표는 다음과 같다.

$$\mathrm{P}(\cos\alpha,\ \sin\alpha),\quad \mathrm{Q}(\cos\beta,\ \sin\beta)$$

삼각형 POQ에 cos법칙을 적용하면

$$\overline{\mathrm{PQ}}^2 = \overline{\mathrm{OP}}^2 + \overline{\mathrm{OQ}}^2 - 2\,\overline{\mathrm{OP}} \cdot \overline{\mathrm{OQ}}\cos(\alpha-\beta) = 2-2\cos(\alpha-\beta)$$

이다. 한편, 점 P와 점 Q사이의 거리의 제곱은

$$\overline{\mathrm{PQ}}^2 = (\cos\alpha-\cos\beta)^2 + (\sin\alpha-\sin\beta)^2 = 2-2(\cos\alpha\cos\beta+\sin\alpha\sin\beta)$$

이므로 두 식을 비교하면

$$\cos(\alpha-\beta) = \cos\alpha\cos\beta + \sin\alpha\sin\beta$$

이다. 그리고 $\sin\theta = \cos(\pi/2-\theta)$이므로 다음을 얻는다.

$$\begin{aligned}\sin(\alpha-\beta) &= \cos\left\{\frac{\pi}{2}-(\alpha-\beta)\right\} = \cos\left\{\left(\frac{\pi}{2}-\alpha\right)-(-\beta)\right\}\\ &= \cos\left(\frac{\pi}{2}-\alpha\right)\cos(-\beta) + \sin\left(\frac{\pi}{2}-\alpha\right)\sin(-\beta)\\ &= \sin\alpha\cos\beta - \cos\alpha\sin\beta\end{aligned}$$

위의 두 식에 β 대신에 $-\beta$를 대입하면

$$\sin(\alpha+\beta)=\sin\alpha\cos\beta+\cos\alpha\sin\beta$$
$$\cos(\alpha+\beta)=\cos\alpha\cos\beta-\sin\alpha\sin\beta$$

를 얻을 수 있다. 이상을 정리하면 다음과 같다.

▌정리 7.11▐ [삼각함수의 덧셈정리]

$$\sin(\alpha\pm\beta)=\sin\alpha\cos\beta\pm\cos\alpha\sin\beta$$
$$\cos(\alpha\pm\beta)=\cos\alpha\cos\beta\mp\sin\alpha\sin\beta$$

[그림 7.8]을 이용하여 정리 7.11를 증명할 수도 있다.

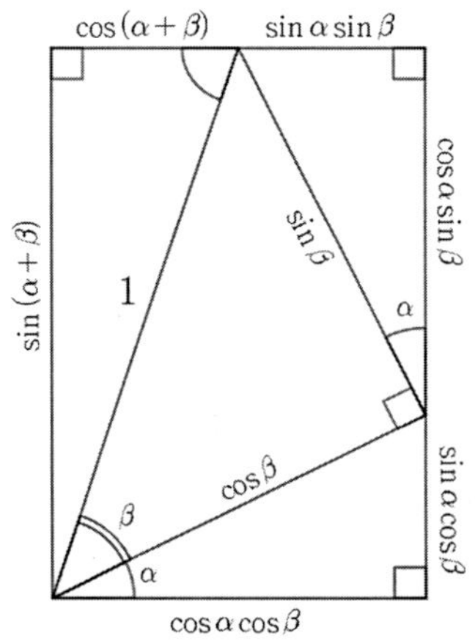

[그림 7.8] 삼각함수의 덧셈정리

예제 7.12 ▌ 다음 삼각함수의 값을 구하여라.

(1) $\sin 75°$ (2) $\cos 15°$

[풀이] (1) $\sin 15° = \sin(45°-30°) = \dfrac{\sqrt{6}-\sqrt{2}}{4}$.

(2) $\cos 15° = \cos(45°-30°) = \dfrac{\sqrt{6}+\sqrt{2}}{4}$.

2. Doodle

삼각법(trigonometry)은 삼각형의 각의 크기와 변의 길이 사이의 관계를 기초로 한다. 매우 오래전부터 존재하였고 측량 및 천문학에서의 실질적인 계산에서의 필요로 태어난 것이다. 지금은 모든 차량의 필수품이 되어버린 navigation도 삼각 측량법이 낳은 결과물 중의 하나이다. 삼각법이 삼각함수로 크게 발전한 것은 Regiomontanus라는 이름으로 오히려 더욱 잘 알려져 있는 독일의 수학자 겸 천문학자 Johanas Müller(1436-1476)의 1464년의 논문 '삼각형에 대하여(De triangulis omnimodis)' 이후부터라고 이야기할 수 있다. 따라서 삼각함수는 역사적으로 삼각법에서 파생되어 태어난 함수라고 말할 수 있다.

고대 그리스 시대의 수학자 Euclid는 오늘날까지 기하학의 교과서로 군림하고 있는 책 '원론'(Elements)을 저술하였다. '기하학 원론'이라고도 불린다. 이 책 '원론'은 모두 13권으로 구성되어 있다. 제2권에 지금의 cos법칙에 대하여 설명하고 있다. 오늘날의 용어로 이를 다시 적으면 다음과 같다.

명제 12 둔각삼각형에서 예각의 대변을 한 변으로 하는 정사각형의 넓이는 다른 두 변 각각을 한 변으로 하는 정사각형의 넓이의 합으로부터 이들 두 변 중 어느 한 변의 길이와 다른 한 변을 그 변에 정사영한 것의 길이를 곱한 것의 두 배를 더한 것과 같다.

명제 13 예각삼각형에서 예각의 대변을 한 변으로 하는 정사각형의 넓이는 다른 두 변 각각을 한 변으로 하는 정사각형의 넓이의 합으로부터 이들 두 변 중 어느 한 변의 길이와 다른 한 변을 그 변에 정사영한 것의 길이를 곱한 것의 두 배를 뺀 것과 같다.

정사영(正射影, orthogonal projection)이라는 용어가 다소 낯설게 느껴지겠지만 간단하게 설명하도록 하자. **직교사영**(直交)이라고도 부르는데 이 용어가 오히려 이해하기 쉬울 수도 있다. 3차원 공간에 있는 점이나 도형을 압축기로 압축하면 한 평면 위에 모두 나타낼 수 있다. 즉 모든 점을 수직으로 하나의 평면 위로 보낸다는 의미이다. 예를 들어 3차원 공간의 한 점 (x, y, z)을 $(x, y, 0)$으로 옮기는 사영은 $xy-$평면 위로의 정사영이다.

[그림 7.9]에서처럼 평면 α 밖의 한 점 P에서 평면 α에 내린 수선의 발 P'을 점 P의 평면 α 위로의 정사영이라 한다. 그리고 도형 F에 속하는 모든 점의 평면 α 위로의 정사영 전체로 이루어진 도형 F'을 도형 F의 **평면 α 위로의 정사영**이라 한다.

선분 AB가 평면 α에 수직이 아니면 선분 AB의 평면 α 위로의 정사영은 선분 A′B′이 된다. 이 때 직선 AB가 평면 α와 이루는 예각의 크기를 θ라 하면

$$\overline{A'B'} = \overline{AB}\cos\theta$$

가 성립함을 쉽게 알 수 있다. 도형의 넓이와 그 정사영의 넓이 사이에도 위와 같은 관계가 성립한다. 여기까지만.

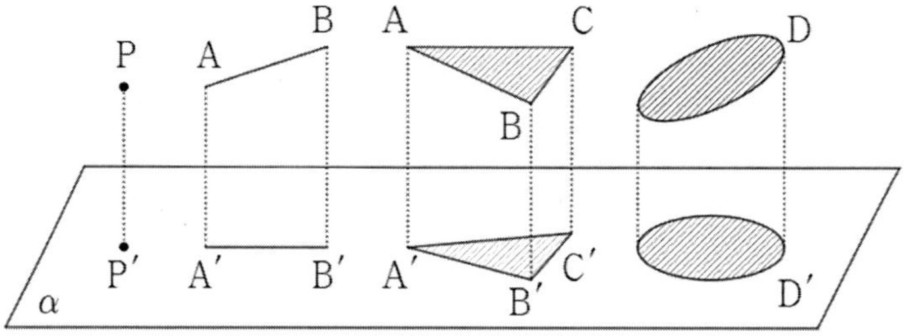

[그림 7.9] 정사영

[그림 7.10]에서 선분 CH가 변 CA의 변 CB 위로의 정사영이므로 명제 13은

$$c^2 = a^2 + b^2 - 2a \cdot \overline{CH}$$

를 의미한다. 여기서 $\overline{CH} = b \cdot \cos C$이므로

$$c^2 = a^2 + b^2 - 2ab\cos C$$

이다. 이 식은 정확하게 지금의 cos법칙을 말하고 있다. 그러므로 cos법칙은 이미 고대 그리스 시대로부터 알려진 아주 오래된 정리라고 말할 수 있다.

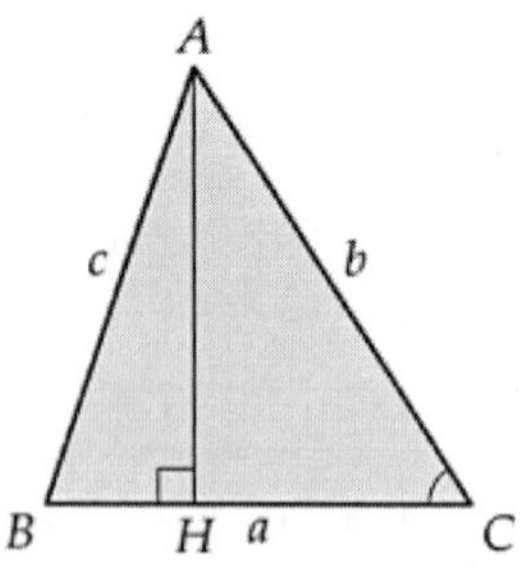

[그림 7.10] 예각삼각형

삼각형의 세 변의 길이와 세 각의 크기를 소위 삼각형의 6요소라 함은 앞에서 학습하였다. 이 중 3개의 요소가 주어져 있을 때 나머지 3개의 요소를 구하는 것인 '삼각형을 푼다.'고 하는 것은 삼각법의 가장 기본적인 문제이다. 삼각형을 풀 수 있는 경우는 크게 다음의 세 가지로 볼 수 있다.

첫 번째는 삼각형의 세 변의 길이가 주어진 경우이다. 이 경우는 cos법칙에 의해 어느 한 각의 cos값을 구해내어 각의 크기를 인 후 sin법칙에 의해 나머지 각의 크기를 구해낼 수 있다.

두 번째는 삼각형의 한 변의 길이와 두 각의 크기가 주어진 경우이다. 삼각형의 세 내각의 합이 180°라는 사실에 의해 나머지 각의 크기를 찾아내면 sin법칙에 의해 나머지 두 변의 길이를 찾아낼 수 있다.

세 번째는 삼각형의 두 변의 길이와 한 각의 크기가 주어진 경우이다. 주어진 각이 사잇각이면 cos법칙을 통해 대변의 길이를 구해내고, 나머지 두 변의 길이는 sin법칙에 따라 찾아낼 수 있다. 주어진 각이 주어진 두 변의 끼인각이 아닌 경우는 삼각형이 하나로 결정되지 않는 경우가 많다.

제 8 강 잡동사니 Ⅱ (Miscellaneousness Ⅱ)

1. 입체도형의 부피

▎정리 8.1 ▎ 구간 $[a,\, b]$ 위의 임의의 점 x에서 x축에 수직인 평면으로 자른 단면(斷面, cross-section)의 넓이를 $S(x)$라 하고 $S(x)$가 구간 $[a,\, b]$에서 연속일 때, 입체도형의 부피 V는

$$\mathrm{V} = \int_a^b S(x)\, dx$$

이다.

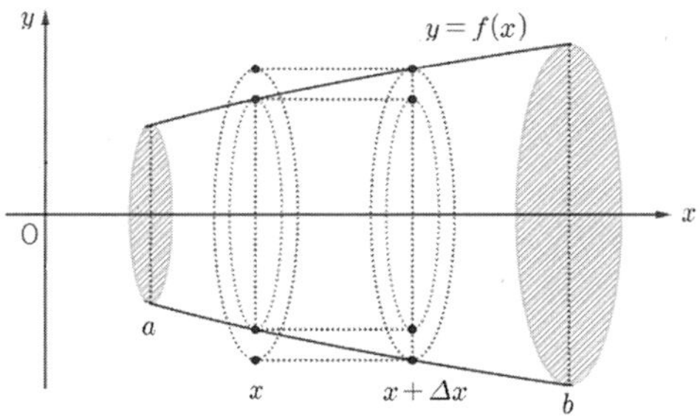

[그림 8.1] 입체도형의 부피

[증명] 주어진 입체도형과 두 평면 $x=a$와 $x=x$로 둘러싸인 부분의 부피를 $V(x)$라 하고, 구간 $[x,\, x+\Delta x]$에서 x축에 수직인 평면으로 자른 단면의 넓이 $S(x)$의 최솟값을 m, 최댓값을 M이라 하면 $m\,\Delta x \le V(x+\Delta x) - V(x) \le M\Delta x$이다. 따라서

$$m \le \frac{V(x+\Delta x) - V(x)}{\Delta x} \le M$$

이다. 단면의 넓이 $S(x)$는 $[a,\, b]$에서 연속이므로 $\Delta x \to 0$이고, $m,\, M \to S(x)$이다. 따라서 $\dfrac{d\,V(x)}{dx} = S(x)$ 즉, $V(x) = \int S(x)\, dx$이다. 그리고 $V(a)=0,\ V(b)=\mathrm{V}$이므로 입체도형의 부피 V는

$$\mathrm{V} = V(b) - V(b) - V(a) = \int_a^b S(x) dx$$

이다.

예제 8.2 밑면은 한 변의 길이가 a인 정사각형이고 높이가 h인 직사각뿔의 부피를 구하시오.

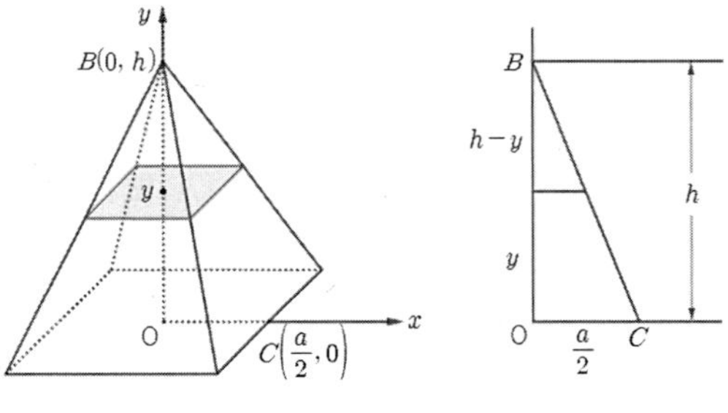

[그림 8.2] 직사각뿔

[풀이] [그림 8.2]에서처럼 밑면에서부터 높이가 y인 단면의 한 변의 길이는 $\frac{a}{h}(h-y)$이다. 따라서 단면의 넓이는 $S(y)=\frac{a^2}{h^2}(h-y)^2$이다. 그러므로

$$\mathrm{V}=\frac{a^2}{h^2}\int_0^h (h-y)^2\,dy=\frac{a^2}{h^2}\left[-\frac{1}{3}(h-y)^3\right]_0^h=\frac{1}{3}a^2h$$

이다.

[그림 8.3]과 같이 곡선 $y=f(x)$와 $x=a$와 $x=b$, 그리고 x축으로 둘러싸인 부분을 x축을 중심으로 회전시켜 생긴 입체를 **회전체**라고 한다. 이 회전체의 부피를 구해보자. 점 x에서 x축에 수직인 평면으로 자른 단면은 반지름의 길이가 $f(x)$인 원이므로 단면의 넓이는 $S(x)=\pi\{f(x)\}^2$이다. 따라서 정리 8.1에 의하여 이 회전체의 부피 V는

$$\mathrm{V}=\pi\int_a^b \{f(x)\}^2\,dx$$

임을 쉽게 알 수 있다.

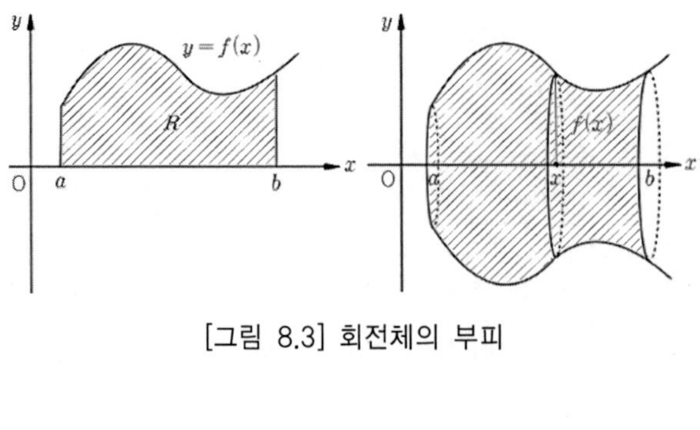

[그림 8.3] 회전체의 부피

같은 방법으로 곡선 $x=g(y)$를 구간 $[c,\ d]$에서 y축을 중심으로 회전시켜 생긴 회전체의 부피 V는

$$\mathrm{V}=\pi\int_c^d \{g(y)\}^2\,dy$$

이다.

예제 8.3 ▌ $y=x^2$과 $x=2$, x축으로 둘러싸인 부분을 x축을 중심으로 회전시켜 생긴 회전체의 부피 V를 구하시오.

[풀이] 회전체의 부피는 $\mathrm{V}=\pi\int_0^2 x^4\,dx=\pi\left[\frac{1}{5}x^5\right]_0^2=\frac{32}{5}\pi$

예제 8.4 ▌ $y=\sqrt{x}$와 $y=2$, y축으로 둘러싸인 부분을 y축을 중심으로 회전시켜 생긴 회전체의 부피 V를 구하시오.

[풀이] 회전체의 부피는 $\mathrm{V}=\pi\int_0^2 y^4\,dy=\pi\left[\frac{1}{5}y^5\right]_0^2=\frac{32}{5}\pi$

1) washer method

구간 $[a,\ b]$에서 두 곡선 $R(x)$와 $r(x)$로 둘러싸인 부분을 x축을 중심으로 회전시켜 생긴 회전체의 부피 V는 어떻게 구할 것인가?

회전체의 부피는 주어진 구간 $[a,\ b]$ 위의 임의의 점 x에서의 단면의 넓이를 적분한 것이다. 회전체이기 때문에 임의의 점 x에서의 단면은 항상 원이 되고, 이 원의 반지름의 길이가 $f(x)$이다. [그림 8.4]에서처럼 점 x에서의 단면은 '나사받이' 모양과 같다. 이 나사받이 모양의 단면의 넓이를 구하려면 바깥쪽 원의 반지름의 길이와 안쪽 원의 반지름의 길이만 알면 된다. 즉, 곡선 $R(x)$로 둘러싸인 부분을 x축을 중심으로 회전시켜 생긴 회전체의 부피에서 곡선 $r(x)$로 둘러싸인 부분을 x축을 중심으로 회전시켜 생긴 회전체의 부피를 뺀 것과 같다.

$$\mathrm{V}=\pi\int_a^b\{R(x)\}^2\,dx-\pi\int_a^b\{r(x)\}^2\,dx=\pi\int_a^b\left[\{R(x)\}^2-\{r(x)\}^2\right]dx$$

y축을 중심으로 회전시켜 생긴 회전체의 부피를 구할 때도 위와 같은 이치로 생각하면 된다.

$$V=\pi\int_a^b \{R(y)\}^2\,dy-\pi\int_a^b \{r(y)\}^2\,dy=\pi\int_a^b \left[\{R(y)\}^2-\{r(y)\}^2\right]dy$$

단면이 나사받이(washer) 모양이라 구미에서는 washer method라 부른다.

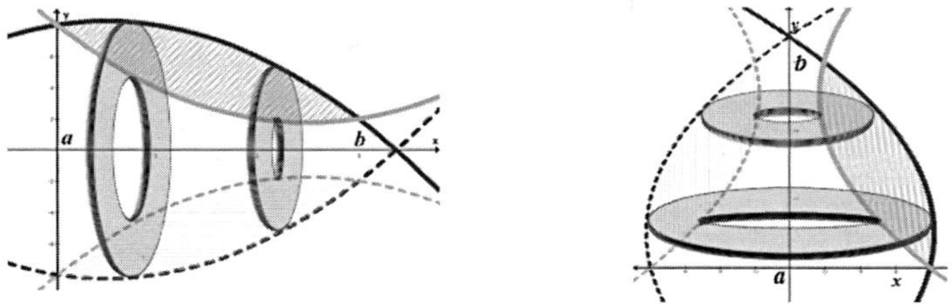

[그림 8.4] washer method

예제 8.5 ▌ $y=\sqrt{x}$와 $y=x$로 둘러싸인 부분을 x축을 중심으로 회전시켜 생긴 회전체의 부피 V를 구하시오.

[풀이] $V=\pi\int_0^1(\sqrt{x})^2\,dx-\pi\int_0^1(x)^2\,dx=\pi\int_0^1(x-x^2)\,dx=\frac{\pi}{6}$

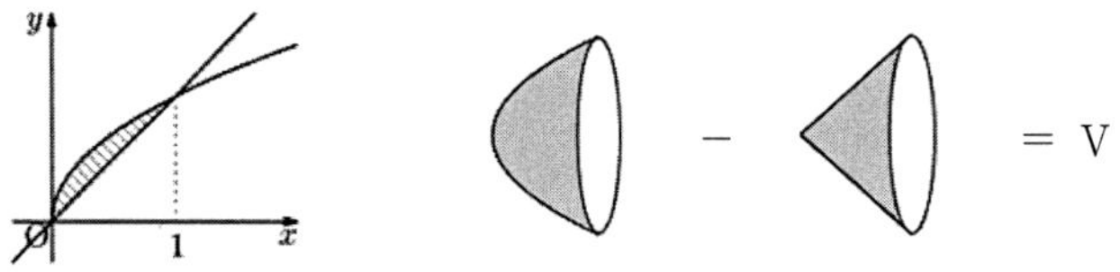

[그림 8.5]

예제 8.6 ▌ $y=4x-x^2$과 $y=x$로 둘러싸인 부분을 x축을 중심으로 회전시켜 생긴 회전체의 부피 V를 구하시오.

[풀이] 포물선과 직선의 교점의 x좌표를 구하면 $4x-x^2=x$에서 0과 3이다. 따라서

$$\begin{aligned} V &=\pi\int_0^3\left\{(4x-x^2)^2-x^2\right\}dx \\ &=\pi\int_0^3(x^4-8x^3+15x^2)\,dx=\frac{108}{5}\pi \end{aligned}$$

2. 다각형의 무게중심

[그림 8.6]은 너무나도 유명한 그림이다. 삼각형의 무게중심은 세 중선의 교점을 의미하고, 이 무게중심은 세 중선의 길이를 각 꼭짓점으로부터 $2:1$로 내분한다는 사실을 보여주는 그림이다. 중학교에서 학습한다.

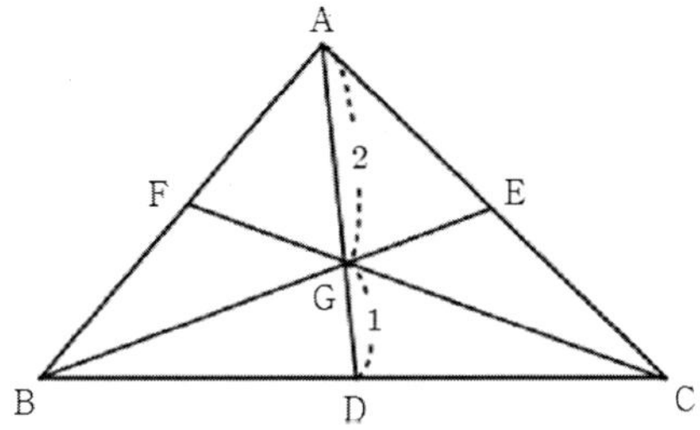

[그림 8.6] 삼각형의 무게중심

고등학교에서는 이를 좌표로 제시하고 있다. $\triangle ABC$의 꼭짓점의 좌표가 주어져있다면 즉, $A(x_1, y_1)$, $B(x_2, y_2)$, $C(x_3, y_3)$이라면 무게중심 G의 좌표는

$$\left(\frac{x_1+x_2+x_3}{3}, \frac{y_1+y_2+y_3}{3}\right)$$

이다. 선분 AD를 $2:1$로 내분하는 것으로 유도된다. 이것도 잘 아는 사실이다.

조금 특별한 경우인 직각삼각형에 대하여 생각해 보자. 직각삼각형의 밑변의 길이가 b, 높이가 h인 경우 무게중심은 어디쯤에 있을까? [그림 8.7]에서처럼 직각삼각형이 주어졌다면 세 꼭짓점의 좌표를 적당히 잡아서 계산하면 된다. 세 꼭짓점의 좌표를 $(0,0)$, $(b,0)$, (b,h)라 하면 무게중심 G의 좌표는 $(2b/3,\ h/3)$이다. 즉, 밑변의 길이를 $2:1$로 내분하는 점을 높이의 $1/3$만큼 옮긴 위치에 존재한다.

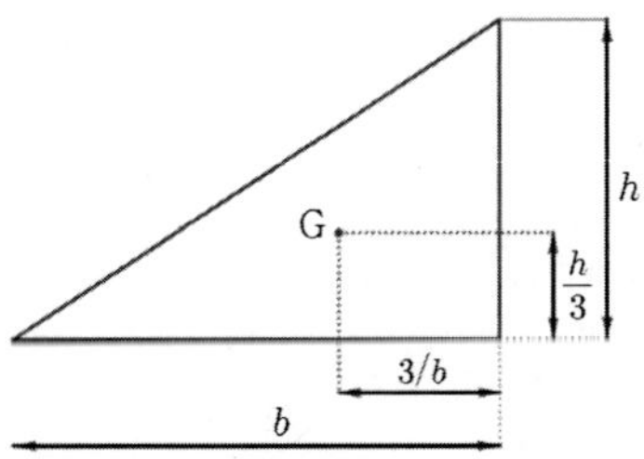

[그림 8.7] 직각삼각형의 무게중심의 위치

사실 직각삼각형의 경우에서도 알 수 있듯이, 좌표를 생각하지 않더라도 모든 삼각형의 무게중심 G의 y좌표는 항상 높이의 1/3의 위치에 있게 된다. 그러나 x좌표는 삼각형의 모양에 따라 그 위치를 달리한다. 예를 들어, 이등변삼각형의 경우는, 밑변의 길이가 b, 높이가 h라 하면 무게중심 G는 밑변의 길이를 1 : 1로 내분하는 점(중점)을 높이의 1/3만큼 옮긴 위치에 존재한다.

사각형의 무게중심은 어떻게 구할까? 대부분의 학생들은 대각선이 서로 만나는 점이라고 답한다. 대칭성이 뛰어난 직사각형, 마름모 등은 그렇다. 하지만 일반적으로 사각형에서 대각선의 교점은 무게중심이 아니다.

[그림 8.8]을 이용해 일반적인 사각형 ABCD에서 무게중심을 살펴보자. △ABC의 무게중심을 G_1, △ACD의 무게중심을 G_2라 하자. 이때

$$(\triangle\text{ABC의 넓이}) : (\triangle\text{ACD의 넓이}) = n : m$$

이면 선분 G_1G_2를 $m : n$으로 내분하는 점이 사각형 ABCD의 무게중심이다. 같은 방법으로, △ABD의 무게중심을 G_3, △BCD의 무게중심을 G_4라 하자. 이때

$$(\triangle\text{ABD의 넓이}) : (\triangle\text{BCD의 넓이}) = q : p$$

이면 선분 G_3G_4를 $p : q$로 내분하는 점이 사각형 ABCD의 무게중심이다. 결론적으로 사각형 ABCD의 무게중심 G는 선분 G_1G_2와 선분 G_3G_4 위의 한 점이되므로 이 두 선분의 교점이 G라고 할 수 있다.

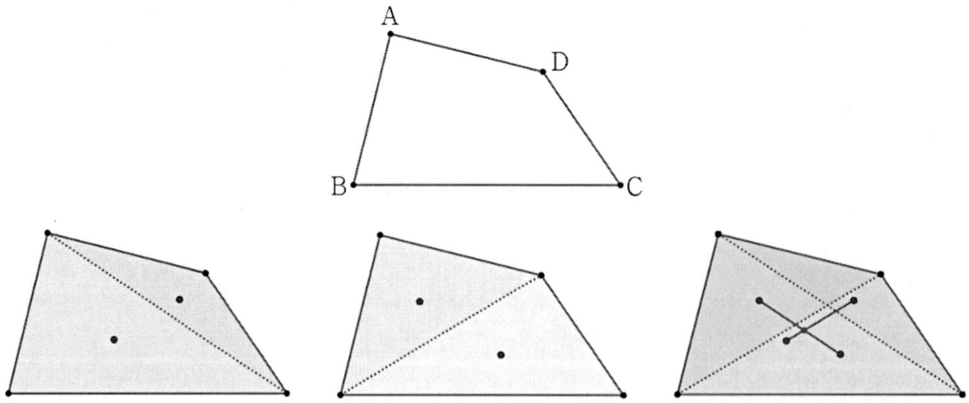

[그림 8.8] 사각형 ABCD의 무게중심

사각형 ABCD의 각 꼭짓점을 $A(x_1, y_1)$, $B(x_2, y_2)$, $C(x_3, y_3)$, $D(x_4, y_4)$라면 무게중심 G의 좌표는

$$G_1 = \left(\frac{x_1+x_2+x_3}{3}, \frac{y_1+y_2+y_3}{3}\right), \quad G_2 = \left(\frac{x_1+x_3+x_4}{3}, \frac{y_1+y_3+y_4}{3}\right)$$

$$G_3 = \left(\frac{x_1+x_2+x_4}{3}, \frac{y_1+y_2+y_4}{3}\right), \quad G_4 = \left(\frac{x_2+x_3+x_4}{3}, \frac{y_2+y_3+y_4}{3}\right)$$

를 이용해 이론적으로 구할 수는 있다. 그러나 이 방법은 절대로 추천할 수 없다. 상상해보시라. 두 점 G_1과 G_2를 지니는 직선, 두 점 G_3과 G_4를 지나는 직선을 구해서 그 교점을 구해야 한다. 엄청난 양의 단순 계산이다.

| 정리 8.7 | n각형의 n개의 꼭짓점을 반시계방향으로 각각

$$(x_1, y_1), (x_2, y_2), \cdots, (x_n, y_n)$$

이라 하면 n각형의 무게중심 G의 좌표 $(\overline{x}, \overline{y})$는

$$\overline{x} = \frac{\sum(x_k + x_{k+1})(x_k y_{k+1} - x_{k+1} y_k)}{3\sum(x_k y_{k+1} - x_{k+1} y_k)}, \qquad \overline{y} = \frac{\sum(y_k + y_{k+1})(x_k y_{k+1} - x_{k+1} y_k)}{3\sum(x_k y_{k+1} - x_{k+1} y_k)}$$

이다. 단, $x_{n+1} = x_1$, $y_{n+1} = y_1$이다.

한편, 앞서 설명한 사각형을 2개의 삼각형으로 분할하는 방법을 한 번 더 생각해 보자. 분할한 두 삼각형의 무게중심을 각각 $G_1 = (\overline{x_1}, \overline{y_1})$, $G_2 = (\overline{x_2}, \overline{y_2})$라 하고, 두 삼각형의 넓이의 비가 $m_1 : m_2$이면 선분 G_1G_2를 $m_2 : m_1$으로 내분하는 점이 사각형의 무게중심이라고 하였다. 즉 사각형의 무게중심 $G = (\overline{x}, \overline{y})$는

$$(\overline{x}, \overline{y}) = \left(\frac{m_1\overline{x_1} + m_2\overline{x_2}}{m_1 + m_2}, \frac{m_1\overline{y_1} + m_2\overline{y_2}}{m_1 + m_2}\right)$$

이다. 이 아이디어를 n각형으로 일반화하면 다음과 같다.

$$(\overline{x}, \overline{y}) = \left(\frac{\sum\overline{x_i}\, m_i}{\sum m_i}, \frac{\sum\overline{y_i}\, m_i}{\sum m_i}\right)$$

3. 무게중심

[그림 8.9]에서처럼 시소의 받침점에서 d_1, d_2만큼 떨어진 거리에 몸무게가 m_1, m_2인 두 어린이가 앉아 있다고 하자. 받침점에서 먼 곳에 앉으면 자신들의 무게를 증가시킬 수 있다는 것은 모두 아는 사실이다. 시소가 균형을 이룰 때는

$$m_1 d_1 = m_2 d_2 \Leftrightarrow m_1 : m_2 = d_1 : d_2$$

일 때이다. 즉, 균형을 이루기 위해서는 중심점에서의 거리를 무게에 반비례로 설정하면 된다는 의미이다. 이 원리는 Archimedes의 지렛대 원리로 잘 알려져 있다.

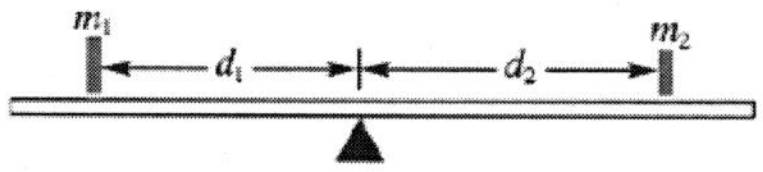

[그림 8.9]

무게를 싣지 않은 시소를 x축으로 생각하면 이 현상은 우리에게 아주 좋은 수학적 모형을 제공한다. 균형을 이룰 때 앉은 자리의 좌표를 x_1, x_2라 하고, 받침점의 좌표를 $\overline{x}$라 하면 $d_1 = \overline{x} - x_1$, $d_2 = x_2 - \overline{x}$이다. 따라서

$$\overline{x} = \frac{m_1 x_1 + m_2 x_2}{m_1 + m_2}$$

이다. 이 점 $\overline{x}$는 균형을 이룬다는 의미로 무게중심이라고 한다. 이 내용을 물리학 및 공학에서는 균형 상태에 있다고 한다.

Newton의 운동 제2법칙에 따르면, 어떤 물체의 무게 m_g는 그것의 질량 m에 중력가속도 g를 곱한 것이므로

$$\overline{x} = \frac{m_1 g x_1 + m_2 g x_2}{m_1 g + m_2 g} = \frac{m_1 x_1 + m_2 x_2}{m_1 + m_2}$$

이다. 상쇄된 중력가속도 때문에 무게를 질량으로 대체할 수 있어 이를 **질량중심**[20]이라고 부르기도 한다. 만약 물체의 무게가 $m_1 = m_2$라면 $\overline{x} = (x_1 + x_2)/2$이다.

---

20) 한글의 중심에는 중심(中心)과 중심(重心)이 있다. 中心은 center 또는 centroid를 나타내고 도형의 기하학적 중심이라고 한다. 그리고 重心은 center of mass/gravity를 나타내고 밀도와 질량이 있을 때의 질량의 중심을 의미한다. 中心과 구별하기 위하여 무게중심이라고 한다.

좀 더 일반적인 경우는, [그림 8.10]에서처럼 각 $k=1, 2, \cdots, n$에 대하여 점 x_k에 놓인 물체의 무게를 m_k라 하면 Archimedes의 원리에 의하여

$$\sum_{k=1}^{n} m_k x_k = \sum_{k=1}^{n} m_k \overline{x}$$

가 된다. 즉 어느 점에선가 균형을 이룰 것이고 그 점을 $\overline{x}$로 둔 것이다. 따라서

$$\overline{x} = \frac{\sum m_k x_k}{\sum m_k}$$

이다.

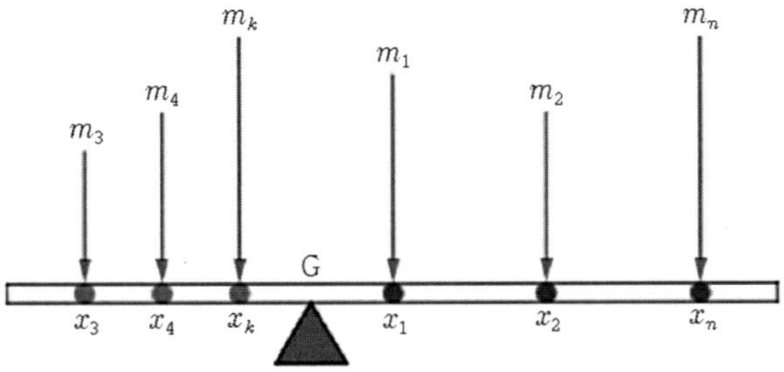

[그림 8.10]

여러분의 이해를 돕기 위해 [그림 8.10]에서 $k=1, 2, 3, 4$의 경우만을 생각해 보자. 그러면

$$m_3(\overline{x}-x_3)+m_4(\overline{x}-x_4)=m_1(x_1-\overline{x})+m_2(x_2-\overline{x})$$

이다. 이 식을 정리하면 $\sum_{k=1}^{4} m_k x_k = \sum_{k=1}^{4} m_k \overline{x}$이 된다.

예제 8.8 ▌ 무게가 3, 1, 5, 6 kg인 물체가 각각 x축 위의 점 0, 1, 3, 5에 놓여있다고 하자. 이때의 무게중심을 구하시오.

[풀이] $\overline{x} = \dfrac{3\cdot 0+1\cdot 1+5\cdot 3+6\cdot 5}{3+1+5+6} = \dfrac{46}{15}$이다.

예제 8.8은 길이가 5인 시소에 46/15의 자리에 받침점을 두면 이 시소는 균형 상태에 있다는 것을 말하고 있다.

지금까지 직선 위에 흩어져 있는 무게에 대한 무게중심을 살펴보았다. 그러면 직선 위에 연속적으로 분산된 무게에 대한 무게중심은 어떻게 구할까?

이를 구하기 위해 각 점에서 무게가 일정한 곧은 철사를 가정하자. 이 곧은 철사가 x축 위에 놓여 있다고 하고 무게중심을 찾아보자. 지금까지 우리가 학습한 자르고, 근사시키고, 적분하는 일상적인 방법에 의하여 구하면 된다.

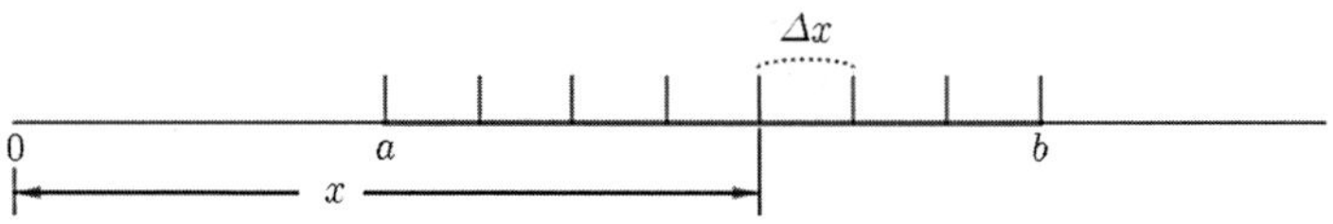

[그림 8.11]

곧은 철사는 각 점에서 무게 m이 일정하므로 [그림 8.11]에 의하여

$$\overline{x} = \frac{\displaystyle\int_a^b mx\,dx}{\displaystyle\int_a^b m\,dx}$$

이다. 이 식은 직선 위에 흩어져 있는 무게에 대한 무게중심의 식을 연속적인 형태로 바꾸었다고 생각하면 쉽다. 길이가 Δx인 부분의 무게는 점 x에 모여 있다고 생각해도 좋다.

$\overline{x}$를 계산해보자. 이 식에서 무게 m은 각 점에서 일정하므로 계산에 영향을 미치지 못한다. 따라서

$$\overline{x} = \frac{\displaystyle\int_a^b x\,dx}{\displaystyle\int_a^b 1\,dx} = \frac{\left[\frac{1}{2}x^2\right]_a^b}{b-a} = \frac{a+b}{2}$$

이다. 실제로 $\overline{x}$의 분모 $\displaystyle\int_a^b 1\,dx = b-a$는 철사의 길이이고, 계산의 결과는 철사의 중점이다. 즉, 선분의 무게중심은 그 선분의 중점에 있다는 사실을 의미한다. 이렇게 간단한 사실을 어렵게 설명하고 있다고 할 수도 있겠지만, 우리는 이 개념을 곡선 위에서도 적용할 수 있고, 2차원 xy평면으로 확장하여 살펴볼 것이므로 처음 학습할 때 결과보다 사고에 초점을 두어야만 하기 때문이다.

위에서 학습한 1차원 수직선에서의 개념을 2차원 xy평면으로 확장시켜 보자.

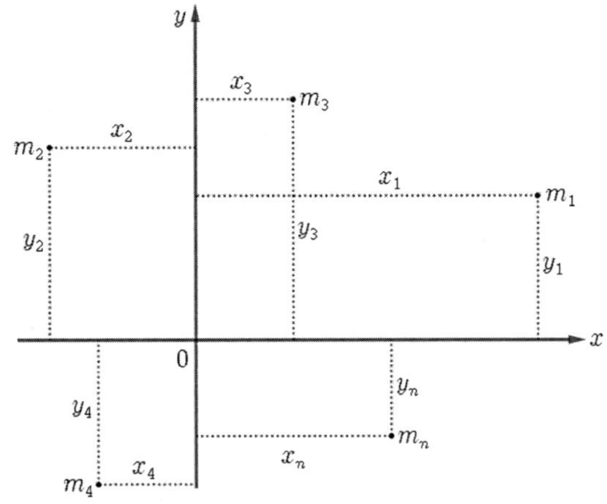

[그림 8.12]

[그림 8.12]에서 y축을 시소라고 생각하고 적용해 보면, y축과의 거리에 각 무게를 곱한 값들의 합은

$$G_y = \sum_{k=1}^{n} m_k x_k$$

이다. 같은 생각으로 x축을 시소라고 생각하면

$$G_x = \sum_{k=1}^{n} m_k y_k$$

이다. 따라서 2차원의 무게중심은

$$\overline{x} = \frac{\sum m_k x_k}{\sum m_k}, \quad \overline{y} = \frac{\sum m_k y_k}{\sum m_k}$$

의 값을 가지는 점 $(\overline{x}, \overline{y})$으로 정의한다.

예제 8.9 무게가 $1, 4, 2, 3, 2$ kg인 물체가 각각 xy평면 위의 점 $(6, -1)$, $(2, 3)$, $(-4, 2)$, $(-7, 4)$, $(2, -2)$에 놓여있다. 이때의 무게중심을 구하시오.

[풀이] $\overline{x} = \dfrac{1 \cdot 6 + 4 \cdot 2 + 2 \cdot (-4) + 3 \cdot (-7) + 2 \cdot 2}{1+4+2+3+2} = -\dfrac{11}{12}$이고,

$\overline{y} = \dfrac{1 \cdot (-1) + 4 \cdot 3 + 2 \cdot 2 + 3 \cdot 4 + 2 \cdot (-2)}{1+4+2+3+2} = \dfrac{23}{12}$이다.

곡선 $y = f(x)$와 x축, 직선 $x = a$, $x = b$로 둘러싸인 영역의 무게중심에 대하여 살펴보기로 하자.

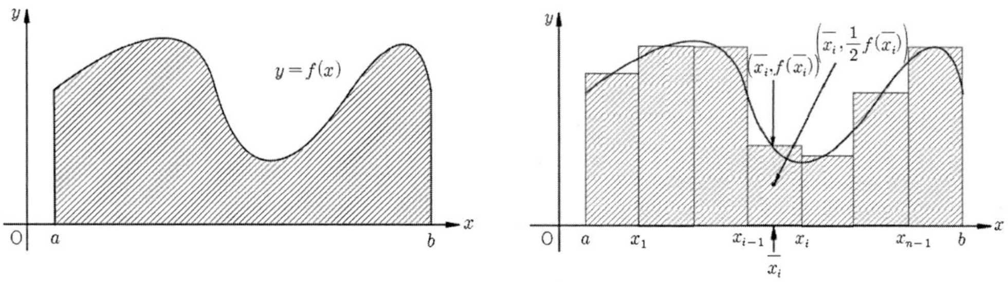

[그림 8.13] 영역의 무게중심

[그림 8.13]에서처럼 곡선 $y = f(x)$와 x축, 직선 $x = a$, $x = b$로 둘러싸인 영역의 넓이를 A라 하자. $[a, b]$의 임의의 분할을

$$a = x_0 < x_1 < x_2 < \cdots < x_{n-1} < x_n = b$$

라 하고, 6강에서 학습한 midpoint Riemann sum을 구할 때의 방법으로 n개의 직사각형으로 분할하자. 직사각형의 무게중심은 대각선의 교점이므로 각 직사각형의 무게중심의 x좌표는 $\overline{x_i} = \dfrac{x_i - x_{i-1}}{2}$이고 y좌표는 $\overline{y} = \dfrac{f(\overline{x_i})}{2}$이다. 따라서

$$\overline{x} = \frac{\sum m_k x_k}{\sum m_k}, \quad \overline{y} = \frac{\sum m_k y_k}{\sum m_k}$$

에 각각을 대입하여 정리하면

$$\overline{x} = \frac{\displaystyle\sum_{i=1}^{n} \left\{ f(\overline{x_i})(x_i - x_{i-1}) \cdot \overline{x_i} \right\}}{\displaystyle\int_a^b f(x)\,dx}, \quad \overline{y} = \frac{\displaystyle\sum_{i=1}^{n} \left\{ f(\overline{x_i})(x_i - x_{i-1}) \cdot \frac{1}{2} f(\overline{x_i}) \right\}}{\displaystyle\int_a^b f(x)\,dx}$$

이다. 따라서 정적분의 정의에 의하여 다음을 얻을 수 있다.

$$\overline{x} = \frac{\displaystyle\int_a^b x f(x)\,dx}{\displaystyle\int_a^b f(x)\,dx}, \quad \overline{y} = \frac{\displaystyle\frac{1}{2}\int_a^b \{f(x)\}^2\,dx}{\displaystyle\int_a^b f(x)\,dx}$$

간단한 예로 연습해 보도록 하자. 오른쪽 그림에서처럼 가로의 길이가 4, 세로의 길이가 2인 직사각형판을 생각하자. 무게중심의 좌표는 $(2, 1)$임은 쉽게 알 수 있다. $f(x)=2$라 두고 계산하면

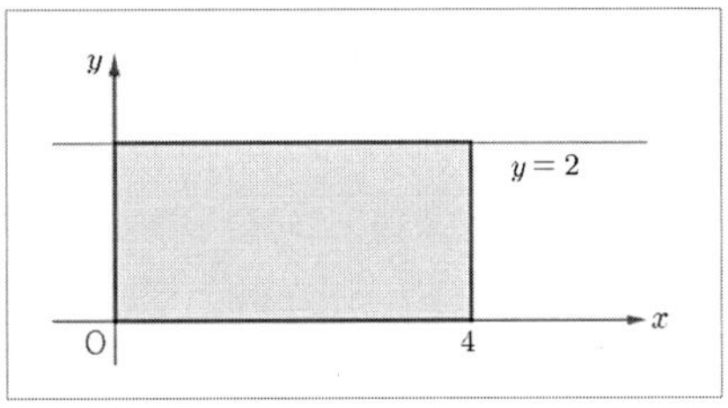

$$\int_0^4 2\,dx = 8,\quad \int_0^4 x\cdot 2\,dx = 16,\quad \frac{1}{2}\int_0^4 2^2\,dx = 8$$

로부터도 쉽게 무게중심의 좌표가 $(2, 1)$임을 알 수 있다.

예제 8.10 ▌ 반지름의 길이가 r인 반원판의 무게중심을 구하시오.

[풀이] 반지름의 길이가 r인 원판의 넓이는 πr^2이므로 반원판의 넓이는 $(\pi r^2)/2$이다. 따라서 무게중심의 y좌표 $\overline{y}$는

$$\overline{y} = \frac{\dfrac{1}{2}\displaystyle\int_{-r}^{r}(r^2-x^2)\,dx}{\displaystyle\int_{-r}^{r}\sqrt{r^2-x^2}\,dx} = \frac{\dfrac{2}{3}r^3}{\dfrac{1}{2}\pi r^2} = \frac{4r}{3\pi}$$

이다. $\overline{x}$도 계산으로 구할 수 있으나, 이 도형은 y축에 대하여 대칭이므로 무게중심의 x좌표를 따로 구할 이유는 없다. $\overline{x}=0$이다.

마지막으로 곡선 $y=f(x)$와 $y=g(x)$ $(f(x)\geq g(x))$ 및 두 직선 $x=a$, $x=b$로 둘러싸인 영역의 무게중심에 대하여 살펴보기로 하자.

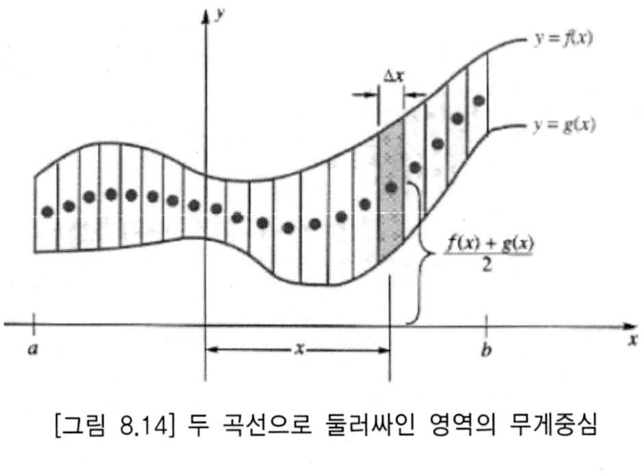

[그림 8.14] 두 곡선으로 둘러싸인 영역의 무게중심

이때의 각 직사각형의 무게중심의 좌표는 $\left(x,\ \dfrac{f(x)+g(x)}{2}\right)$이다. 따라서 같은 방법으로 정리하면

$$\bar{x}=\frac{\displaystyle\int_a^b x\{f(x)-g(x)\}\,dx}{\displaystyle\int_a^b\{f(x)-g(x)\}\,dx},\quad \bar{y}=\frac{\displaystyle\frac{1}{2}\int_a^b[\{f(x)\}^2-\{g(x)\}^2]\,dx}{\displaystyle\int_a^b\{f(x)-g(x)\}\,dx}$$

를 얻을 수 있다.

예제 8.11 ▌ 곡선 $y=x^3$, $y=\sqrt{x}$로 둘러싸인 영영의 무게중심을 구하시오.

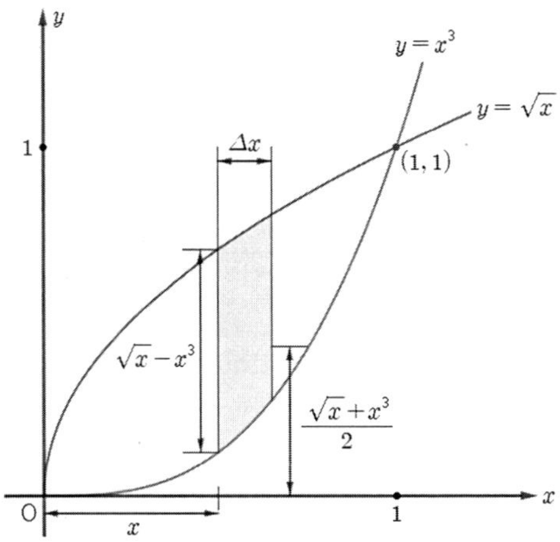

[그림 8.15]

[풀이] [그림 8.15]에서처럼

$$\bar{x}=\frac{\displaystyle\int_0^1 x(\sqrt{x}-x^3)\,dx}{\displaystyle\int_0^1(\sqrt{x}-x^3)\,dx}=\frac{\left[\frac{2}{5}x^{\frac{5}{2}}-\frac{1}{5}x^5\right]_0^1}{\left[\frac{2}{3}x^{\frac{3}{2}}-\frac{1}{4}x^4\right]_0^1}=\frac{\frac{1}{5}}{\frac{5}{12}}=\frac{12}{25}$$

$$\bar{y}=\frac{\displaystyle\frac{1}{2}\int_0^1(x-x^6)\,dx}{\displaystyle\int_0^1(\sqrt{x}-x^3)\,dx}=\frac{\frac{1}{2}\left[\frac{1}{2}x^2-\frac{1}{7}x^7\right]_0^1}{\left[\frac{2}{3}x^{\frac{3}{2}}-\frac{1}{4}x^4\right]_0^1}=\frac{\frac{5}{28}}{\frac{5}{12}}=\frac{3}{7}$$

예제 8.12 곡선 $y=x^2$과 $y=-x^2$ 그리고 직선 $x=1$로 둘러싸인 영역의 무게중심을 구하시오.

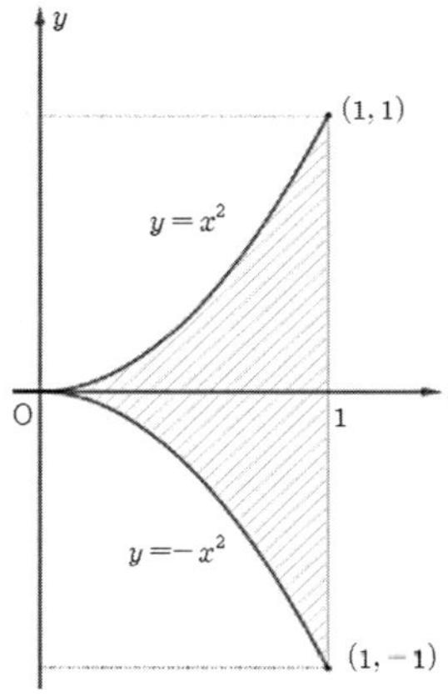

[그림 8.16]

[풀이] [그림 8.16]에서처럼

$$\bar{x}=\frac{\int_0^1 x\cdot 2x^2\,dx}{\int_0^1 2x^2\,dx}=\frac{\left[\frac{1}{2}x^4\right]_0^1}{\left[\frac{2}{3}x^3\right]_0^1}=\frac{\frac{1}{2}}{\frac{2}{3}}=\frac{3}{4}$$

이다. $\bar{y}$는 계산으로도 구할 수 있으나 이 도형은 x축에 대하여 대칭이므로 무게중심의 y좌표를 따로 구할 이유는 없다. $\bar{y}=0$이다.

4. Doodle

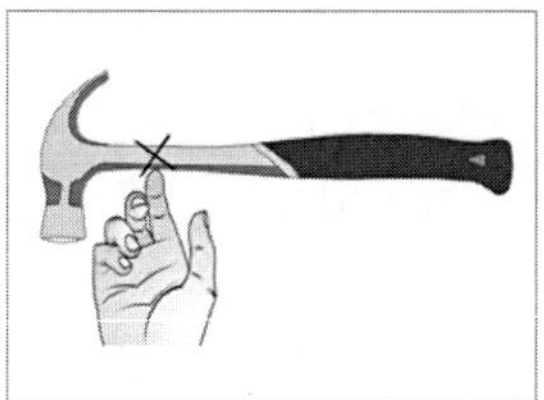

무게중심을 소개하는 대학의 교재에서는 반드시 밀도를 고려의 대상에 넣는다. 예를 들어 망치를 떨어뜨리면 무거운 쪽이 먼저 떨어진다. 즉 밀도가 다르다는 의미이다. 그리고 망치는 약간 회전할 수 있지만 무게중심은 곧 바로 떨어진다. 무게중심을 통과하는 힘은 회전을 일으키지 않기 때문이다. 실제로 오른쪽 그림처럼 망치의 무게중심 바로 아래에 손가락을 두면 균형을 맞출 수 있다. 곧은 철사를 이용해 문제를 하나 풀어보자.

한 쪽 끝에서 x cm 되는 점에서의 철사의 밀도가 $\rho(x)=x^2(\mathrm{g/cm})$이다. $x=0$과 $x=6$ 사이에 있는 철사의 무게중심을 구해보자. 오른쪽으로 갈수록 무거워진다. 따라서 직관적으로 0보다는 6에 가까울 것임을 예상할 수 있다. 실제로 계산을 해보면

$$\overline{x}=\frac{\displaystyle\int_0^6 x\cdot x^2\,dx}{\displaystyle\int_0^6 x^2\,dx}=\frac{\frac{1}{4}\cdot 6^4}{\frac{1}{3}\cdot 6^3}=\frac{9}{2}$$

으로 $\overline{x}=4.5\,\mathrm{cm}$이다. 그런데 이 철사의 밀도가 c(상수)로 균일하다면

$$\overline{x}=\frac{\displaystyle\int_0^6 cx\,dx}{\displaystyle\int_0^6 c\,dx}=\frac{\frac{1}{2}c\cdot 6^2}{6c}=3$$

으로 $\overline{x}=3\,\mathrm{cm}$이다. 즉 우리가 알고 있는 선분의 중점이다. 이를 **기하학적 중심**(centroid, geometric center)이라 한다.

결론적으로 우리는 이 강에서 밀도를 전혀 고려하지 않았다. 즉 동일한 밀도를 가정하고 내용을 전개한 것이다. 밀도가 고른 영역의 무게중심은 영역의 밀도에는 상관없이 영역의 모양에 의존한다. 그러므로 영역이 동일한 밀도를 가진다면 centroid는 무게중심과 같은 위치에 있다.

초등학교 학생들에게 이론적 무게중심은 조금 어려운 개념이다. 그러나 교사와 함께라면 충분히 재미있는 시간을 보낼 수 있다. 바로 팽이이다. 조금 두꺼운 종이에 직사각형, 마름모, 원 모양을 그리고 이를 잘라 팽이를 만드는 것이다. 축은 이쑤시개를 활용하면 된다. 원이나 정사각형은 학생들도 직관적으로 한 가운데 즉, 원의 중심, 두 대각선의 교점에 이쑤시개를 꽂는다. 실제로 만들어 돌려보면 아주 잘 돈다.

그런데 다음 도형을 제시하면 학생들은 고민하게 된다. 교사의 차례이다.

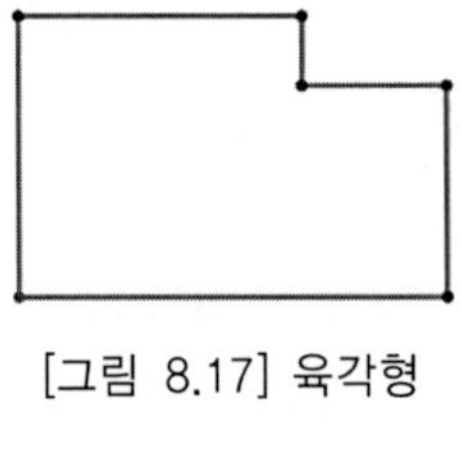

[그림 8.17] 육각형

학생들에게 [그림 8.18]의 순서대로 그리게 한다. 육각형의 무게중심을 구하는 순서이다. 사각형을 두 개의 삼각형으로 분할하여 구했듯이 대칭성이 뛰어난 두 개의 직사각형으로 분할하여 구한다. 마지막 그림의 G에 이쑤시개를 꽂고 돌려보게 하면 된다.

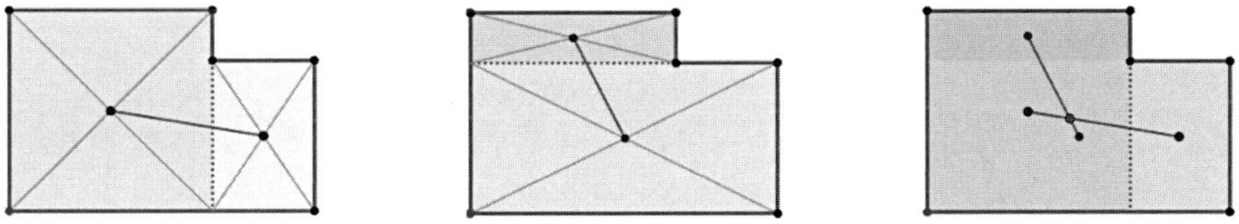

[그림 8.18] 육각형의 무게중심 구하는 순서

어린 아기들의 방에서 쉽게 찾을 수 있는 무게중심의 예가 모빌(mobile)이다. 이 모빌을 통해서 무게중심의 의미를 한 번 더 살펴보도록 하자.

[그림 8.17]의 육각형의 각 좌표를 $(0,0),(6,0),(6,3),(4,3),(4,4),(0,4)$와 같이 반시계방향으로 두고 무게중심의 좌표를 구해보자. 정리 8.6에 이 좌표를 대입하여 정리하면 $\overline{x}=\dfrac{31}{11}$, $\overline{y}=\dfrac{41}{22}$이 된다. 따라서 [그림 8.19]에서처럼 $\overline{x}=\dfrac{31}{11}$에 실을 붙여 매달면 균형을 유지한다. 마찬가지로 $\overline{y}=\dfrac{41}{22}$에 실을 붙여 매달아도 균형을 유지한다. 결국 연필의 심 등 뾰족한 곳에 무게중심 $(\overline{x}, \overline{y})$을 올려놓으면 균형을 유지하게 되는 것이다.

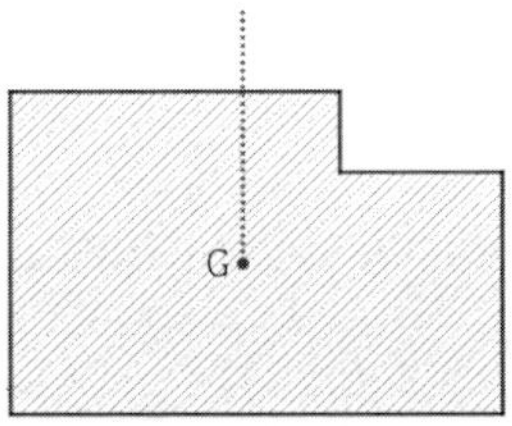

[그림 8.19] 모빌의 육각형 모양 예

여러분이 교사가 되었을 때 어린 학생들과 함께 다양한 종류의 모빌과 팽이를 만들어 보라. 삼각형도 좋고 원도 좋다. 사각형, 육각형뿐만 아니라 곡선으로 둘러싸인 영역도 이제는 아무런 문제가 되지 않는다. 학생들에게는 도형에 대한 풍성한 감각을 제공할 것이다. 아! 물론 무게중심을 구하는 것은 교사가 될 당신들의 몫이다.

▶▶ 연습문제 8

1. $\triangle ABC$의 각 꼭짓점의 좌표가 $A(x_1, y_1)$, $B(x_2, y_2)$, $C(x_3, y_3)$이라면 각각의 변을 $m:n$으로 내분한 내분점을 이은 삼각형의 무게중심의 좌표를 구하시오.

2. 구간 $[0, 2]$에서 $f(x) = x^2 + \dfrac{1}{2}$과 $g(x) = x$로 둘러싸인 부분을 x축을 중심으로 회전시켜 생긴 회전체의 부피 V를 구하시오.

3. 직선 $y = x + 1$과 y축, 그리고 두 직선 $y = 2$, $y = 4$로 둘러싸인 영역을 y축을 중심으로 회전시켜 생긴 회전체의 부피 V를 구하시오.

4. 곡선 $y = 4 - x^2$과 직선 $y = x + 2$로 둘러싸인 영역을 x축을 중심으로 회전시켜 생긴 회전체의 부피 V를 구하시오.

5. 곡선 $y = -x^2 + 1$과 직선 $y = -x - 1\,(x \le 1)$로 둘러싸인 영역을 x축을 중심으로 회전시켜 생긴 회전체의 부피 V를 구하시오.

6. 아래의 그림은 반지름의 길이가 1인 반원이다. 현 $\overline{AP}$, $\overline{AQ}$와 호 $\widehat{PQ}$로 둘러싸인 영역을 지름 $\overline{AB}$를 중심으로 회전시켜 생긴 회전체의 부피 V를 구하시오.

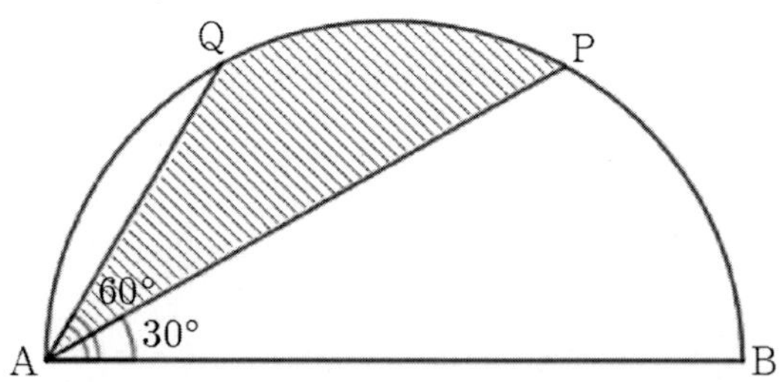

[그림 8.20]

7. 무게가 4, 6, 9 kg인 물체가 각각 x축 위의 점 2, -2, 1에 놓여있다고 하자. 이때의 무게중심을 구하시오.

8. 무게가 3, 2, 4, 6, 2 kg인 물체가 각각 xy평면 위의 점 $(1,1)$, $(7,1)$, $(-2,-5)$, $(-1,0)$, $(4,6)$에 놓여있다. 이때의 무게중심을 구하시오.

9. 두 곡선 $y=\sqrt{x}$, $y=-\sqrt{x}$ 및 $x=1$로 둘러싸인 영영의 넓이와 무게중심을 구하시오.

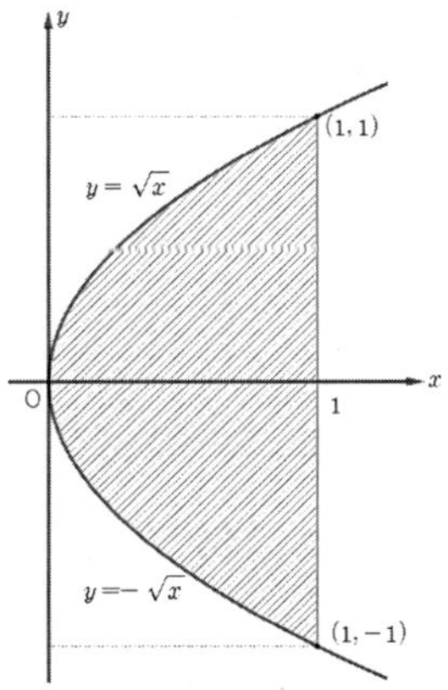

10. 두 직선 $y=x+1$, $y=\frac{1}{2}x$ 및 $x=0$, $x=1$로 둘러싸인 영영의 넓이와 무게중심을 구하시오.

제 9 강 Cavalieri의 원리

[그림 9.1]과 같이 평행선 사이에 있는 두 삼각형이 있다. 이때 두 삼각형은 밑변의 길이와 높이가 같다. 두 삼각형의 넓이를 비교하면 어느 쪽이 더 클까?

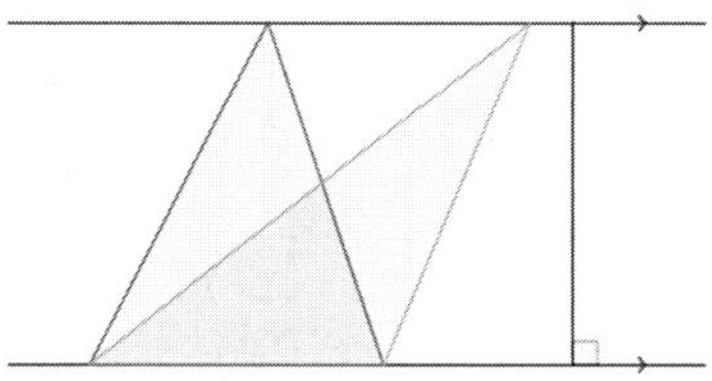

[그림 9.1] 평행선 사이에 있는 두 삼각형

얼핏 보면 오른쪽 삼각형이 기울어져 있어 더 넓어 보이지만, 사실은 두 삼각형의 밑변의 길이와 높이가 같으므로 삼각형의 넓이는 서로 같다. 초등학생용 문제를 대학생에게 … 하겠지만, 실제로 [그림 9.1]은 초등학교 교과서에 그대로 실려 있다. 물론 밑변의 길이와 높이가 같은 삼각형은 그 넓이도 같음을 가르칠 때 사용한다. 여러분이 교사가 되기 전에 치루는 시험인 '공립 초등학교 교사 임용후보자 선정경쟁시험'에도 출제가 된 내용이다.

문제 9.1 [그림 9.2]와 같이 밑변의 길이가 b이고 높이가 h인 두 삼각형이 있다. 밑변에 평행한 임의의 직선 l이 두 삼각형을 지날 때 만나는 점을 각각 $\mathrm{G}, \mathrm{H}, \mathrm{I}, \mathrm{J}$라 하자. 이 때 $\overline{\mathrm{GH}} = \overline{\mathrm{IJ}}$임을 보이시오.

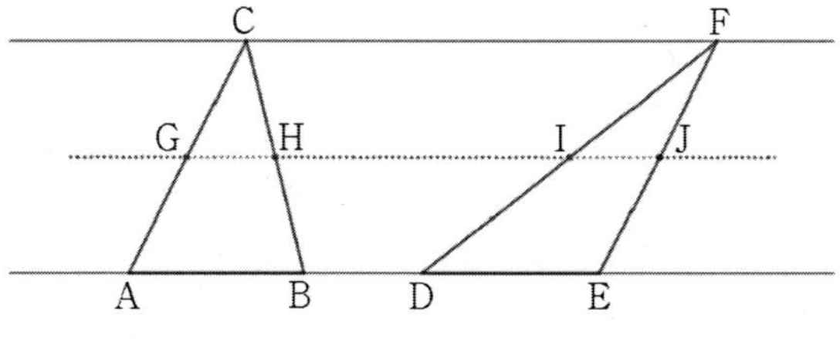

[그림 9.2] 두 삼각형의 넓이 비교

아니 이번에는 중학생용 문제를 … 하겠지만 두 내용을 종합해서 여기에 숨겨져 있는 어떤 아이디어를 찾았으면 좋겠다. 도형을 바꾸어 그림을 하나 더 제시하면 [그림 9.3]과 같다.

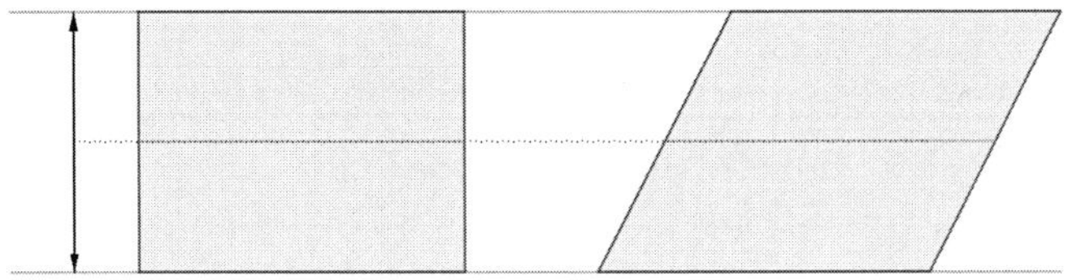

[그림 9.3] 두 사각형의 넓이 비교

1. 평면도형에서의 Cavalieri의 원리

Bonaventura Cavalieri (1598–1647)

B. Cavalieri는 Galileo Galilei(1564–1642)의 제자인 이탈리아의 수학자이다. 그는 면은 무수히 많은 평행한 선분들로 구성되어 있고, 입체는 무수히 많은 평행한 면들로 구성되어 있는 것으로 간주하여 이를 각각 넓이와 부피에 대한 불가분량(不可分量, indivisibles)이라 하였다. 즉 평면도형을 폭이 없는 선분들의 모임으로, 입체도형은 두께가 없는 면의 모임으로 생각하여 넓이와 부피를 계산하였다. 이것은 무슨 의미일까? 비유적으로 아주 가는 실로 손수건을 만들고, 종이의 낱장을 모아 책을 만든다고 생각하면 손수건의 넓이와 책의 부피를 생각할 수 있다. '극한'의 개념이 없던 시대의 놀라운 발상이다. 그리고 그의 생각에 따르면 임의의 같은 높이에서 두 평면도형에 그은 선분의 길이의 비가 일정하면 두 평면도형의 넓이의 비도 일정하다. 이것이 그 유명한 **Cavalieri의 원리**이다. 즉 $a_1 : b_1 = a_2 : b_2 = \cdots = a_n : b_n$일 때

$$(a_1 + a_2 + \cdots + a_n) : (b_1 + b_2 + \cdots + b_n) = a_1 : b_1$$

과 같은 유한에서의 법칙을 무한에 까지 확장시킨 것이라고 볼 수 있다.

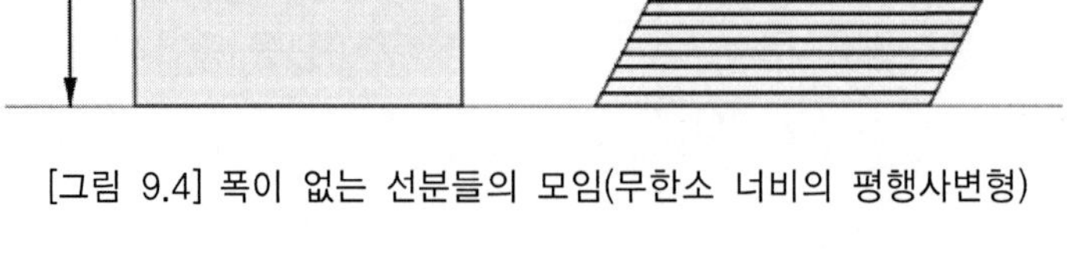

[그림 9.4] 폭이 없는 선분들의 모임(무한소 너비의 평행사변형)

▌정리 9.2▐ [Cavalieri's Principle in 2D] 평행한 두 직선 사이에 두 평면도형이 있다. 이 두 직선에 평행한 임의의 직선에 의해 잘린 두 평면도형의 선분의 길이가 같으면 두 평면도형의 넓이도 같다.

삼각형의 경우를 예로 들어보자. 높이가 같고 밑변이 한 직선 위에 있는 두 삼각형의 밑변의 길이의 비가 $a:b$이면 밑변에 평행한 직선에 의해 잘린 두 선분의 길이의 비는 항상 $a:b$이므로 두 삼각형의 넓이의 비도 $a:b$이다.

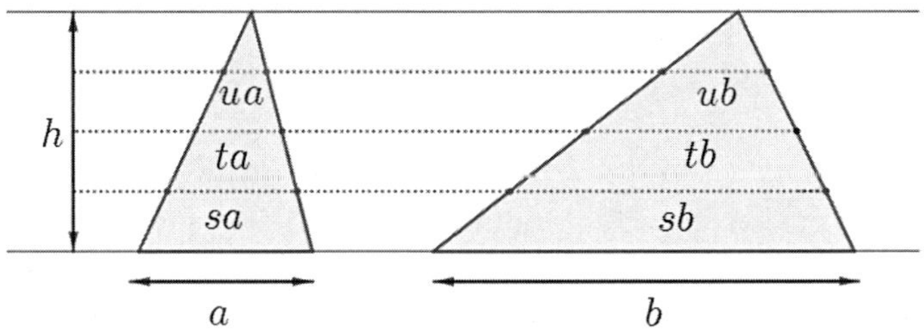

[그림 9.5] 삼각형의 경우

정리 9.2는 적분을 사용하지 않고서도 우리에게 타원의 넓이를 구할 수 있도록 해 준다. 예제 9.3의 의미를 잘 이해하도록 하자.

예제 9.3 ▌ 타원 $\dfrac{x^2}{b^2}+\dfrac{y^2}{a^2}=1$의 넓이를 구하시오. (단, $b>a$)

[풀이] [그림 9.5]에서처럼 타원과 원 $x^2+y^2=a^2$는 평행한 두 직선 $y=\pm a$ 사이에 있다. 평행한 직선에 의해 잘린 두 선분의 길이의 비는 $a:b$이므로 원과 타원의 넓이의 비도 $a:b$이다. 따라서 타원의 넓이는 πab이다.

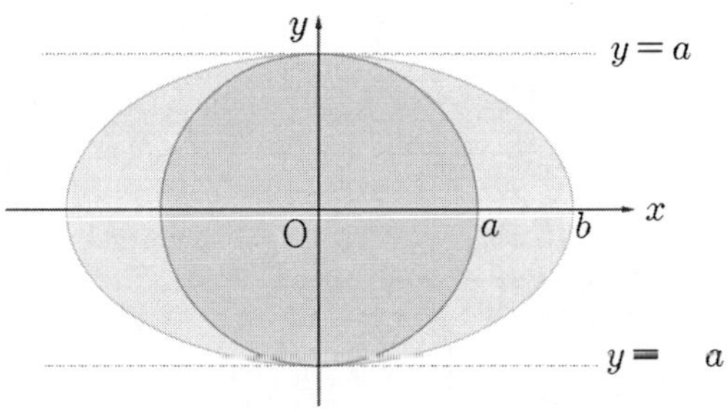

[그림 9.6] 타원과 원

1) Archimedes의 구적법(求積法)

Cavalieri의 구적 공식으로 알려진 것은, 지금의 정적분의 형식으로 적으면

$$\int_0^a x^n\,dx = \frac{1}{n+1}a^{n+1} \quad (n \geq 0)$$

이다. 그는 Archimedes의 결과를 연구하는 과정에서 굽어있는 대상의 넓이를 계산할 수 있는 방법을 연구하게 되었다고 전해진다. Archimedes의 결과라고 하는 것은 다음과 같다.

❙정리 9.4❙ [Archimedes] 포물선과 직선으로 둘러싸인 영역의 넓이는 그 영역에 내접하는 삼각형 넓이의 4/3이다.

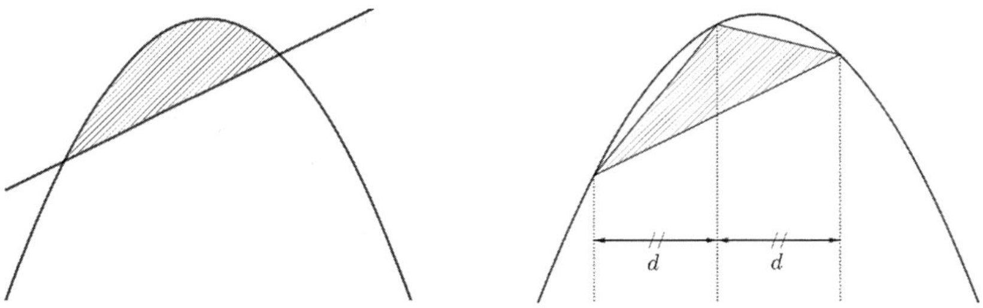

[그림 9.7] Archimedes의 구적법

평면기하학에서 **포물선**(parabola)이란 평면 위의 한 정점 F와 점 F를 지나지 않는 한 정직선 L이 주어졌을 때, 점 F와 직선 L에 이르는 거리가 같은 점들의 집합을 말한다. 이 때 정점 F를 포물선의 **초점**(focus), 정직선 L을 포물선의 **준선**(directrix)이라고 부르고, 포물선의 초점 F를 지나고 준선 L에 수직인 직선을 포물선의 **축**(axis), 포물선과 그 축의 교점을 포물선의 **꼭짓점**(vertex)라고 부른다.

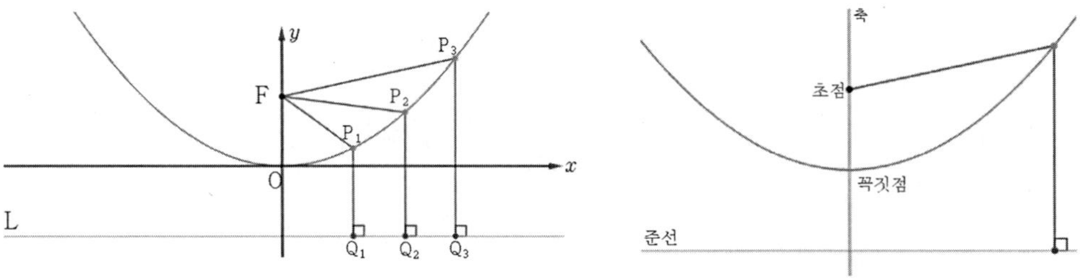

[그림 9.8] 포물선의 정의와 각 명칭

포물선 위의 점을 $\mathrm{P}(x, y)$, 초점을 $\mathrm{F}(0, p)$, 준선의 식을 $y = -p$라 하면 포물선의 방정식은 $\overline{\mathrm{PQ}} = \overline{\mathrm{PF}}$로부터 $y + p = \sqrt{x^2 + (y-p)^2}$을 얻는다. 이 식을 간단하게 하면 $x^2 = 4py$로 된다. 물론 초점을 $\mathrm{F}(p, 0)$, 준선의 식을 $x = -p$라 하면 포물선의 방정식은 $x + p = \sqrt{(x-p)^2 + y^2}$을 얻는다. 이 식을 간단하게 하면 $y^2 = 4px$로 된다.

포물선이 주어져 있을 때, 이 포물선의 초점, 꼭짓점, 준선, 접선 등을 작도할 수 있는데, 아마도 Archimedes는 이러한 작도를 이용해 넓이를 구했을 것이라 조심스럽게 상상할 수 있다.[21]

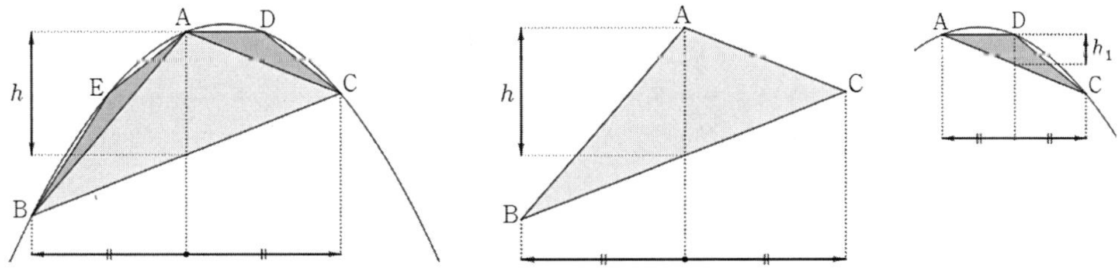

[그림 9.9] Archimedes의 아이디어 1

해석기하학, 즉 프랑스의 수학자 René Descartes(1596-1650)에 의해 도입된 좌표를 이용하여 Archimedes의 결과인 정리 9.4를 해결해보도록 하자.

주어진 포물선을 $y = f(x) = ax^2 + bx + c$, 두 점 B, C를 지나는 직선을 $y = g(x)$, 두 점 A, C를 지나는 직선을 $y = l(x)$라 두자. 그리고 $f(x) = g(x)$의 해를 각각 α와 β $(\alpha \le \beta)$라 하자.

[그림 9.9]의 $\triangle \mathrm{ABC}$에서 h의 길이를 구하기 위해 $h(x) = f(x) - g(x)$라 두면 $h(x) = a(x-\alpha)(x-\beta)$이므로 h의 길이는

$$h\left(\frac{\alpha+\beta}{2}\right) = -a\left(\frac{\beta-\alpha}{2}\right)^2$$

이다.

21) 수학사에 큰 획을 그었다고 평가받는 프랑스 R. Descartes(1596-1650)에 의해 좌표가 도입된 후 이차함수 $y^2 = 4px$ 또는 $x^2 = 4py$의 형태로 포물선을 정의하지만, Archimedes 당시의 정의는 원뿔곡선 중의 하나 또는 준선과 초점에 이르는 거리가 같은 점의 자취였다. 포물선(포물면)은 태양의 빛을 반사해서 한 점으로 모으기 때문에 그리스 시대 때부터 parabola로 불리며 많은 연구가 이루어졌다.

그리고 [그림 9.9]의 $\triangle \mathrm{ACD}$에서 h_1의 길이를 구하기 위해 $h_1(x)=f(x)-l(x)$라 두면 $h_1(x)=a\left(x-\frac{\alpha+\beta}{2}\right)(x-\beta)$이므로 h_1의 길이는

$$h_1\left(\frac{\alpha+3\beta}{4}\right)=-a\left(\frac{\beta-\alpha}{4}\right)^2$$

이다. 따라서 (h의 길이) : (h_1의 길이) $= 4:1$이 된다.

내접 삼각형인 $\triangle \mathrm{ABC}$의 넓이를 T라고 하자. $\triangle \mathrm{ACD}$의 넓이는 $\triangle \mathrm{ABC}$의 너비의 $1/2$이고 높이는 $1/4$이므로 T의 $1/8$이다. 같은 방법으로 세 번째 내접 삼각형 4개 중 하나는 $\triangle \mathrm{ACD}$의 넓이의 $1/8$이다. 따라서 T의 $1/8^2$이다. 그러므로 같은 방법을 계속 시행하면 구하고자 하는 영역의 넓이는

$$\mathrm{A}=\mathrm{T}+2\cdot\frac{\mathrm{T}}{8}+4\cdot\frac{\mathrm{T}}{8^2}+8\cdot\frac{\mathrm{T}}{8^3}+\cdots=\left(1+\frac{1}{4}+\frac{1}{16}+\frac{1}{64}+\cdots\right)\mathrm{T}$$

가 된다.

마지막으로 Archimedes는 $1+\frac{1}{4}+\frac{1}{16}+\frac{1}{64}+\cdots=\frac{4}{3}$임을 [그림 9.10]에서처럼 정사각형을 무한히 잘라 처음 정사각형 S_1은 정사각형 넓이의 $1/4$이고, 두 번째 정사각형 S_2는 정사각형 S_1 넓이의 $1/4$임을 이용해

$$\frac{1}{4}+\frac{1}{16}+\frac{1}{64}+\cdots=\frac{1}{3}$$

임을 증명하였다. 이상을 정리하면 '포물선과 직선으로 이루어진 부분의 넓이는 내접하는 삼각형의 넓이의 4/3'임을 알 수 있다.

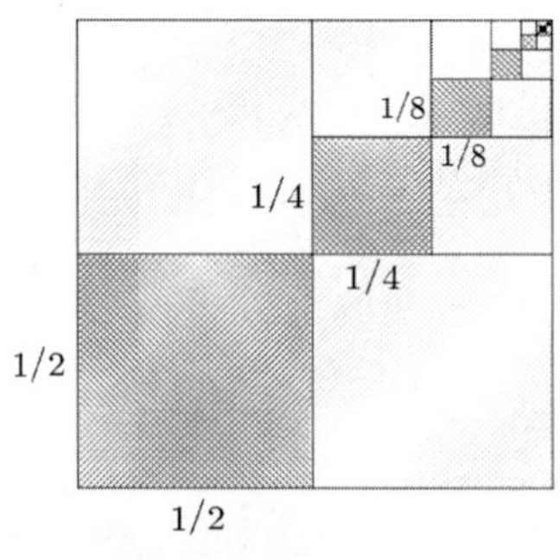

[그림 9.10] Archimedes의 아이디어 2

다음의 간단한 예제를 통해 정리 9.4를 여러분이 직접 확인해 보기를 바란다.

예제 9.5 ▌ 포물선 $y=\frac{1}{2}x^2$과 직선 $y=x+4$로 둘러싸인 영역의 넓이는 그 영역에 내접하는 삼각형 넓이의 4/3이다.

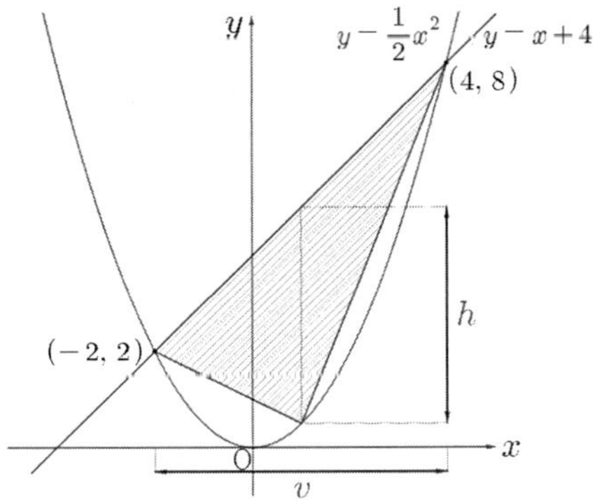

[그림 9.11] Archimedes의 아이디어 적용

[풀이] 포물선과 직선은 $(-2,2)$와 $(4,8)$에서 만난다. 영역을 정적분을 사용해 넓이를 구해 보면 다음과 같다.

$$\int_{-2}^{4}\left(x+4-\frac{1}{2}x^2\right)dx=\frac{(4-(-2))^3}{12}=18$$

[그림 9.11]에서 $\triangle ABC$의 넓이는 $6\cdot\frac{9}{2}\cdot\frac{1}{2}=\frac{27}{2}$이다. 놀랍다.

Archimedes는 주어진 영역을 무한히 많은 삼각형으로 분해했을지도 모른다고 생각할 수도 있으나, 사실 그는 유한 번 분해하였다. 당시 무한의 개념도 없었고 실제로도 그는 부분합을 계산하여 귀류법으로 증명한 것이다. 마지막 설명이 조금 개운하지 않아 설명을 조금 더 덧붙여 보자. 내접 삼각형의 넓이의 합을 순서대로 $T_1, T_2, \cdots, T_n$이라 하자. 그의 귀류법의 논법을 현대적 수식을 사용해 간단하게 정리하면 다음과 같다.[22] (귀류법은 배웠다.)

$$T_1+T_2+T_3+\cdots+T_n+\frac{1}{3}T_n=\frac{4}{3}T_1$$

22) 우리는 좌변의 마지막 항 $T_n/3$에 주목해야 한다. 이 항을 추가함으로써 좌변의 합이 $(4T_n)/3$이 된다. 등비수열의 합을 이용하면 고등학생도 증명할 수 있다. 해 보시라.

주어진 영역의 넓이를 A, 주어진 영역을 삼각형으로 분해하고 남은 부분의 넓이를 R, 내접 삼각형으로 분해한 넓이를 $T = T_1 + T_2 + \cdots + T_n$라 하자.

i) $A > \frac{4}{3}T_1$고 가정하자. 이때 R은 $R < A - \frac{4}{3}T_1$이 되도록 할 수 있다. (이 내용은 참고 9.6에서 확인하도록 하자.) 그러면 $R = A - T < A - \frac{4}{3}T_1$이다. 즉 $T > \frac{4}{3}T_1$임을 나타낸다. 모순이다.

ii) $A < \frac{4}{3}T_1$고 가정하자. $\frac{4}{3}T_1 - A > T_n$이면 $\frac{4}{3}T_1 - T = \frac{1}{3}T_n < T_n$이다. 즉 $A < T$ 임을 나타낸다. 모순이다.

따라서 $A = \frac{4}{3}T_1$임이 증명되었다.

▌참고 9.6▌ [그림 9.12]에서처럼 간단한 함수를 통해 그 의미만 파악해 보자. 주어진 영역은 현 $\overline{AB}$와 포물선으로 둘러싸인 영역이라 하고 넓이를 S라 하자. 여기서 내접 삼각형인 $\triangle ABC$를 작도하자. 그리고 점 C를 지나는 포물선의 접선을 긋고, 직사각형 ABED (일반적으로는 평행사변형 모양이 된다.)를 작도하면 $\triangle ABC$의 넓이는 이 직사각형 넓이의 반이다. 따라서

$$S/2 < \triangle ABC \text{의 넓이}$$

가 성립한다. 즉 내접 삼각형의 넓이는 주어진 영역의 반보다 크다. 이는 주어진 영역의 반 이상을 계속 빼 가면 남은 양을 얼마든지 작게 할 수 있다는 의미이다.

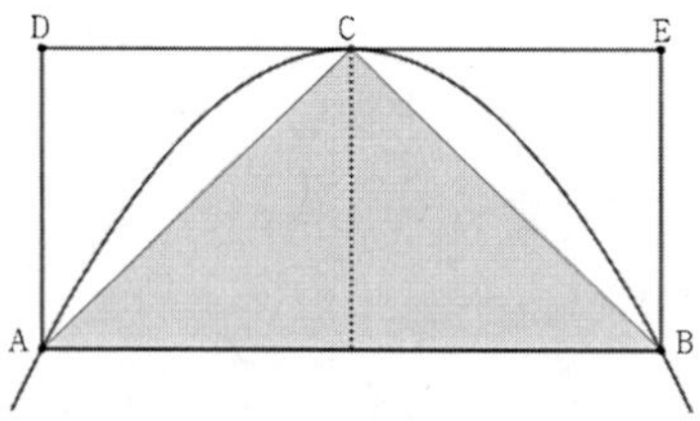

[그림 9.12] 아이디어의 적용

고대 수학의 고갈법 중 가장 정교한 방법으로 불리는 Archimedes의 이 방법은 Cavalieri의 구적법에 의해 계승되었다. 중세 유럽의 구적법은 넓이 계산을 의미했기 때문에 대부분의 경우 불가분량이 사용되었다. 이 방법은 고대의 것보다 조금은 덜 엄밀했지만, 더 간단하고 강력한 방법이었다.

2. 입체도형에서의 Cavalieri의 원리

❙ 정리 9.7 ❙ [Cavalieri's Principle in 3D] 평행한 두 평면 사이에 두 입체도형이 있다. 이 두 평면에 평행한 임의의 평면에 의해 잘린 두 입체도형의 단면(斷面)의 넓이가 같으면 두 입체도형의 부피도 같다.

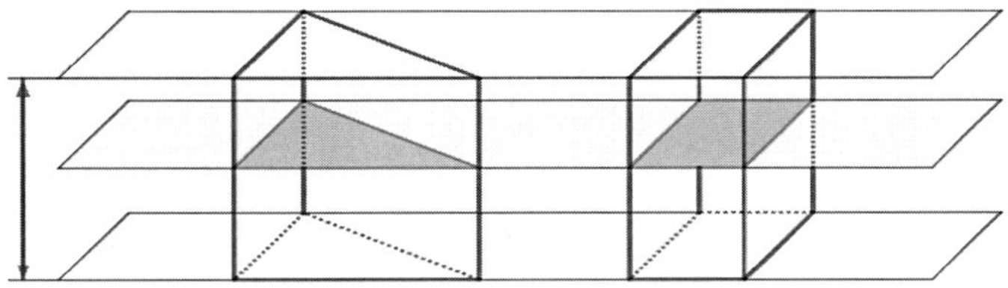

[그림 9.14] 입체도형에서의 Cavalieri의 원리

높이가 같고 밑면에 평행인 한 평면에 의해 잘린 두 입체도형의 단면의 넓이의 비가 $a:b$이면 두 입체도형의 부피의 비도 $a:b$이다.

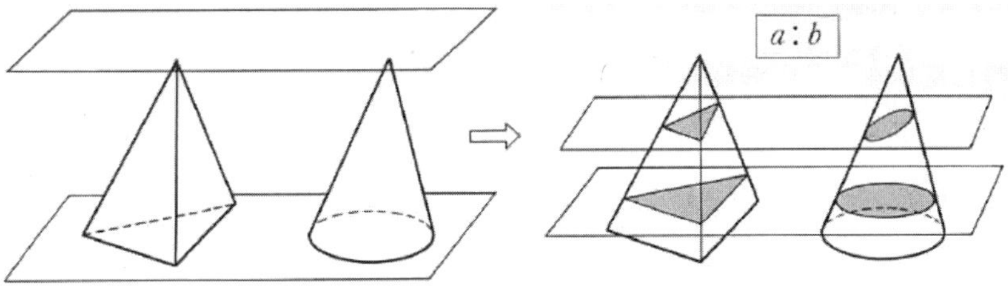

[그림 9.15] Cavalieri의 원리를 사용

이미 부피를 알고 있는 도형을 이용하여 Cavalieri의 원리를 적용하면 좀 더 복잡한 도형의 부피를 구할 수 있다. 아마도 [그림 9.16]이 Cavalieri의 원리에서 제일 유명한 그림일 것이다. 바로 구의 부피를 구하기 위함이다. 이미 부피를 알고 있는 원기둥과 원뿔을 이용하여 구의 부피를 구하는 것이다. (교육과정에서 구의 부피는 적분을 학습하기 전까지 결과만 제시하고 있다.)

직원뿔의 부피가 (밑면의 넓이×높이)/3인 것은 초등학생도 아는 사실이니 우리는 Cavalieri의 원리를 사용하여 반지름의 길이가 r인 구의 부피가 $\frac{4}{3}\pi r^3$이라는 사실을 쉽게 유도할 수 있다.

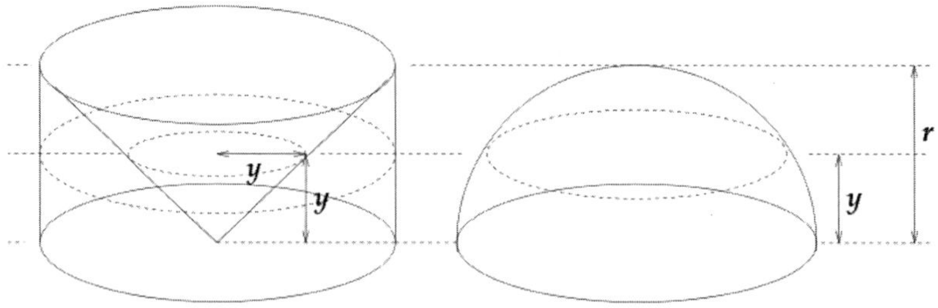

[그림 9.16] Cavalieri의 원리 적용

[그림 9.16]에서처럼 반지름의 길이가 r인 반구, 그리고 반지름의 길이와 높이가 각각 r인 직원기둥을 생각해보자. 먼저 직원기둥 안에 직원뿔의 꼭짓점이 직원기둥의 한 쪽 밑면의 중심에 오도록 하고 직원뿔의 밑면은 다른 한 쪽의 밑면이 되도록 해서 직원뿔을 뺀 입체도형을 생각하자. 이 입체도형의 밑면에서 높이가 y인 평면으로 자를 때 만들어지는 단면의 넓이는 $\pi(r^2 - y^2)$이다. 반구에서 만들어지는 단면의 넓이는 $\pi(r^2 - y^2)$이다. 따라서 단면의 넓이는 $\pi(r^2 - y^2)$으로 같다. 그러므로 Cavalieri의 원리를 적용하면 반구의 부피는 직원기둥에서 직원뿔은 뺀 입체도형의 부피와 같다. 즉 이 입체도형의 부피는 직원기둥 부피의 2/3이므로 반구의 부피도 직원기둥 부피의 2/3이다. 한편, 직원기둥 부피는 πr^3이므로 반구의 부피는 $\frac{2}{3}\pi r^3$. 따라서 구의 부피는 $\frac{4}{3}\pi r^3$이다.

결론적으로, 우리는 직원뿔의 경우와 같이 직각뿔의 경우도 밑면의 모양에 관계없이 모든 직각뿔의 부피가 (밑면의 넓이 × 높이)/3인 것은 Cavalieri의 원리에 의해 확인할 수 있다.

한 변의 길이가 r인 정사각형 OABC의 꼭짓점 O를 중심으로 사분원을 그리고, 꼭짓점 A와 C를 잇는 대각선을 생각하자. 이 도형을 $\overline{OC}$를 축으로 생각하여 이 축의 둘레로 회전시키면 직원기둥, 반구, 직원뿔이 생긴다. [그림 9.17]에서처럼 직원뿔을 거꾸로 두고 같은 높이에서 자른 단면의 넓이를 생각해 보자.

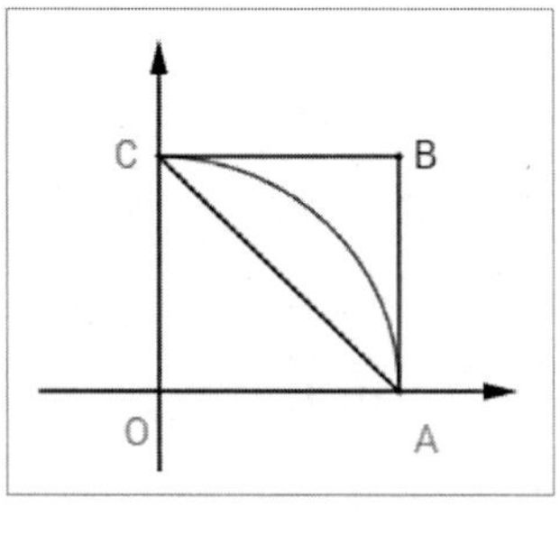

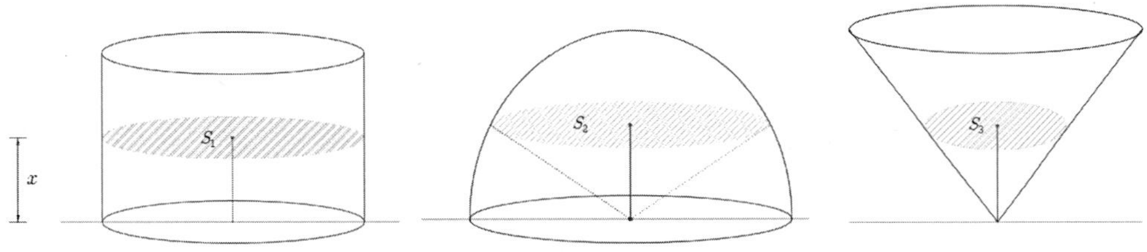

[그림 9.17] Cavalieri의 원리를 사용

[그림 9.17]에서 각각의 단면의 넓이를 구하면 $S_1 = \pi r^2$, $S_2 = \pi r^2 - \pi x^2$, $S_3 = \pi x^2$이므로 $S_1 = S_2 + S_3$임을 알 수 있다. 따라서 Cavalieri의 원리를 적용하면 직원기둥의 부피는 반구의 부피와 직원뿔의 부피의 합과 같다. 그러므로 직원기둥의 부피 πr^3에서 직원뿔의 부피 $\frac{1}{3}\pi r^3$을 뺀 $\frac{2}{3}\pi r^3$이 반구의 부피이다. 따라서 구의 부피는 $\frac{4}{3}\pi r^3$이다. 똑같은 내용을 두 번 설명하였다. 느끼는 것이 무엇인가? 계산의 양, 난이도 등에서의 차이를 조금 느낄 것이다. 조금만 궁리하면 동일한 내용이라도 간단하게 전달할 수 있다.

1) Archimedes의 구적법

Archimedes가 포물선을 회전시켜 만든 입체의 부피를 구한 방법은 다음과 같다.

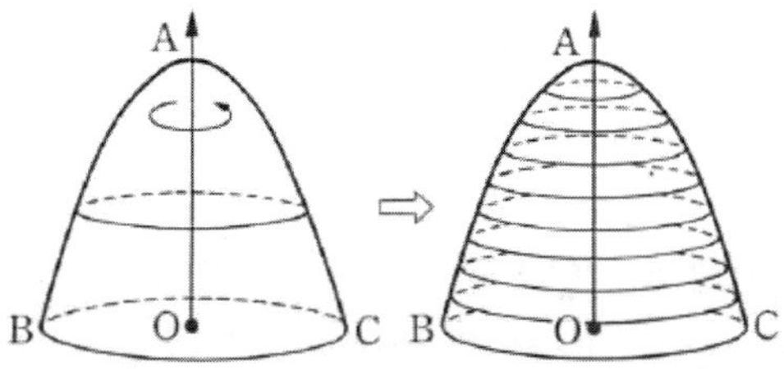

[그림 9.18] 포물선을 회전시켜 만든 입체

[그림 9.18]에서처럼 포물선을 회전시켜 만든 입체를 축 $\overline{AO}$에 수직으로 $\overline{AO}$의 길이를 n등분한다. [그림 9.19]에서처럼 $\overline{AO}$의 길이를 n등분한 높이를 가진 원기둥 $(n-1)$개를 내접시키고, 원기둥 n개를 외접시킬 수 있다. 이들 각각의 원기둥을 모두 합친 입체 도형을 각각 V_1과 V_2라 하면 다음이 성립한다.

$$(V_1\text{의 부피}) < (\text{회전포물체의 부피}) < (V_2\text{의 부피})$$

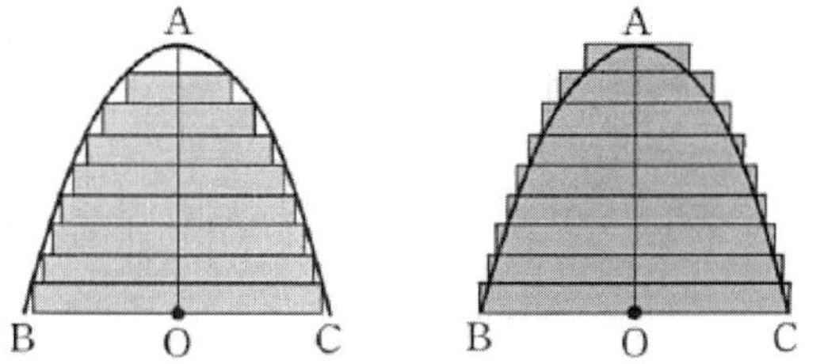

[그림 9.19] 포물선을 회전시켜 만든 입체

V_1과 V_2의 부피를 비교하면 [그림 9.20]에서처럼 V_1의 위에서 첫 번째 원기둥과 V_2의 위에서 첫 번째 원기둥의 부피는 같다. V_1의 위에서 두 번째 원기둥과 V_2의 위에서 두 번째 원기둥의 부피도 같다. 같은 방법으로 계속 생각하면 V_1의 위에서 $(n-1)$ 번째 원기둥과 V_2의 위에서 $(n-1)$ 번째 원기둥의 부피도 같다. 따라서 V_1과 V_2의 부피의 차는 V_2의 맨 아래에 있는 원기둥의 부피와 같다.

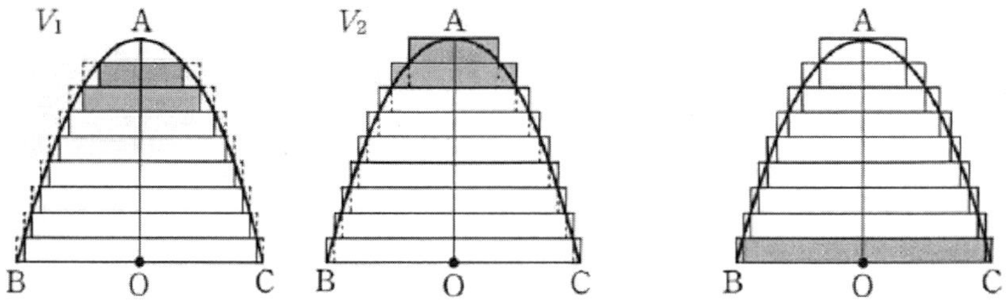

[그림 9.20] V_1과 V_2의 부피 비교 및 그 결과

[그림 9.21]에서처럼 n을 크게 하면, 즉 내접하는 원기둥과 외접하는 원기둥의 높이를 점점 작게 하여 원기둥의 개수를 많게 하면, V_2의 맨 아래에 있는 원기둥의 부피는 한없이 작아진다.

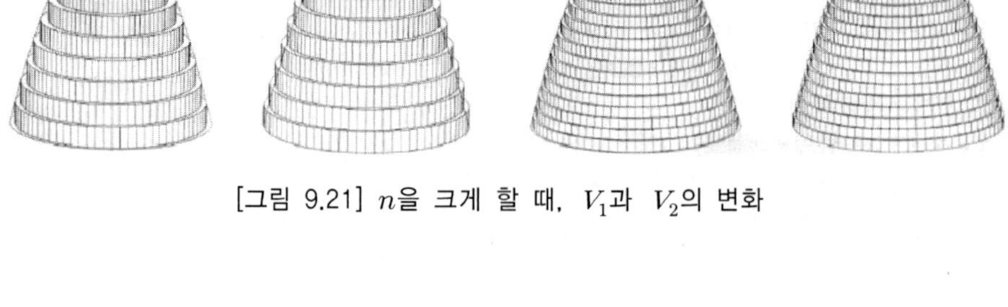

[그림 9.21] n을 크게 할 때, V_1과 V_2의 변화

지금까지의 아이디어를 우리가 배운 현대적 표기법을 사용하면 X의 위치에서 y축에 평행하게 자를 때의 단면의 넓이를 $S(x)$라 하면 회전포물체의 부피 V는 다음과 같다.

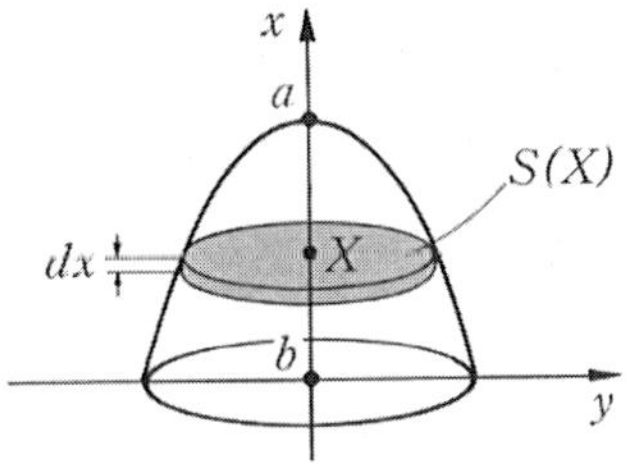

$$V = \int_a^b S(x)\,dx$$

[그림 9.22] 현대적 표기

▌정리 9.8▐ [Archimedes의 예상] 포물선을 회전시켜 만든 입체도형은, 이 입체도형과 같은 밑면, 같은 높이를 가진 직원뿔의 한 배 반이다.

정리 9.8을 현대식으로 적으면 '포물선을 회전시켜 만든 입체 V_1과 V_1과 같은 원을 밑면으로 하고 같은 높이를 가진 직원뿔 V_2의 부피의 비는 $3:2$이다.'이다. Archimedes는 이를 머릿속의 천칭저울을 사용하여 예상하고, 실제로도 귀류법을 이용해서 증명하였다. 머릿속에 있는 천칭저울이라…. 약 2300년 전의 사람의 이름이 지금까지 알려져 있고, 그의 아이디어를 공부하고 있음에는 다 이유가 있다.

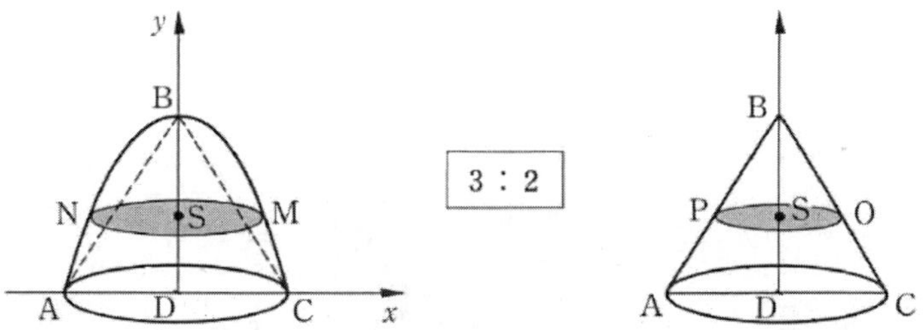

[그림 9.23] Archimedes의 예상

현대의 우리들은 밑면의 반지름의 길이를 r이라 하고, 높이를 h라 하면 포물선을 회전시켜 만든 입체 V_1의 부피는 $V_1 = \frac{1}{2}\pi r^2 h$임을 구할 수 있고, 직원뿔 V_2의 부피는 $V_2 = \frac{1}{3}\pi r^2 h$임을 알고 있다. 따라서 부피의 비가 $3:2$임은 바로 알 수 있다.

3. Doodle

중세에 등장한 구적법 중에 Archimedes의 구적법을 계승한 최초의 업적은 독일의 천체 물리학자인 유명한 J. Kepler(1571−1630)의 '포도주통의 새로운 계량법'(Nova stereometria doliorum vinariorum)이라는 책에 나타난다. 책의 제목이 재미있다. 그런데 이 책이 17세기 적분학의 기초가 되었다.

1) Wallis의 구적법

John Wallis(1616-1703)는 영국의 수학자이다. 그는 무한대 기호 ∞를 소개한 것으로 기록되어있다. Wallis는 삼각법, 미적분학, 기하학 및 무한급수 등에 크게 기여한 인물이다. '연분수'라는 용어도 도입했다. 그는 논문 '무한산술'(Arithmetica Infinitorum)에서 Descartes와 Cavalieri의 방법을 체계화하였다. 그리고 지수의 표기법을 개발하여 자연수에서 유리수로 확장하였다. 즉 $x^0 = 1$, $x^{-1} = \dfrac{1}{x}$, $x^{2/3} = \sqrt[3]{x^2}$ 등은 그가 만든 것이다. 그리고 극한 계산의 기초를 다지게 된다. 각설하고.

Wallis는 Cavalieri의 아이디어를 대수적으로 생각하여 수식화하였다. 여기에서는 그가 연구한 것 중에서 '$y = x^2$과 x축, 직선 $x = 1$로 둘러싸인 영역의 넓이'를 예로 하여 그의 방법에 대하여 고찰해 보자.

[그림 9.24]에서처럼 영역을 n개의 선분으로 채워보자.

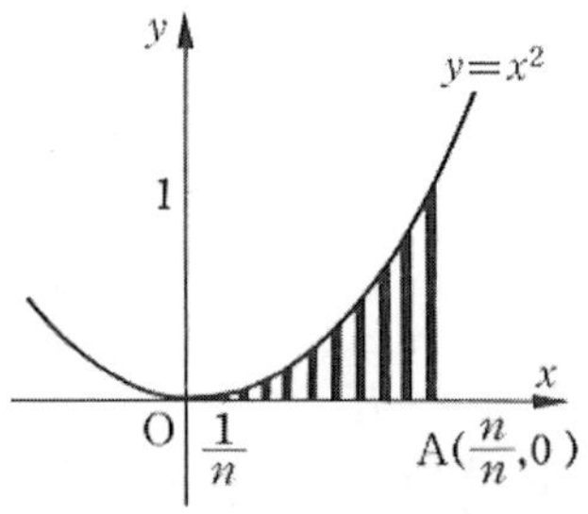

[그림 9.24] Wallis의 아이디어

Wallis는 Cavalieri의 방법인 '선분(의 길이)을 모아서 만든 것이 영역(의 넓이)'으로 생각해 n개의 선분의 길이로부터 다음과 같이 교묘하게 넓이를 구하였다. '교묘하게' 이렇게밖에 표현할 수가 없다.

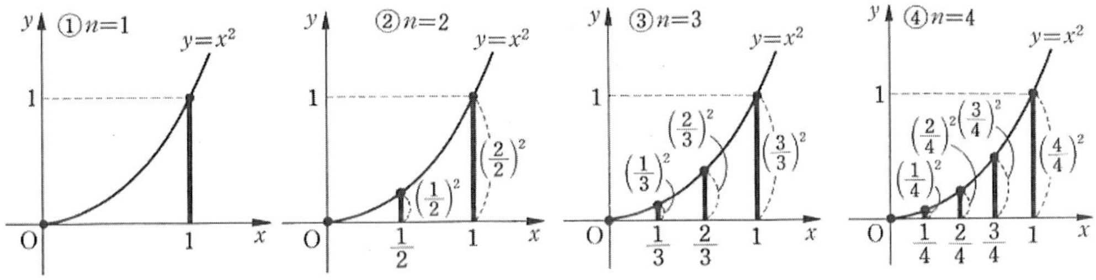

[그림 9.25] Wallis의 계산 방법

① $n=1$일 때

$$\frac{\left(\frac{0}{1}\right)^2+\left(\frac{1}{1}\right)^2}{1+1}=\frac{0^2+1^2}{1^2+1^2}=\frac{1}{2}=\frac{1}{3}+\frac{1}{6}$$

② $n=2$일 때

$$\frac{\left(\frac{0}{2}\right)^2+\left(\frac{1}{2}\right)^2+\left(\frac{2}{2}\right)^2}{1+1+1}=\frac{0^2+1^2+2^2}{2^2+2^2+2^2}=\frac{5}{12}=\frac{1}{3}+\frac{1}{12}$$

③ $n=3$일 때

$$\frac{\left(\frac{0}{3}\right)^2+\left(\frac{1}{3}\right)^2+\left(\frac{2}{3}\right)^2+\left(\frac{3}{3}\right)^2}{1+1+1+1}=\frac{0^2+1^2+2^2+3^2}{3^2+3^2+3^2+3^2}=\frac{7}{18}=\frac{1}{3}+\frac{1}{18}$$

④ $n=4$일 때

$$\frac{\left(\frac{0}{4}\right)^2+\left(\frac{1}{4}\right)^2+\left(\frac{2}{4}\right)^2+\left(\frac{3}{4}\right)^2+\left(\frac{4}{4}\right)^2}{1+1+1+1+1}=\frac{0^2+1^2+2^2+3^2+4^2}{4^2+4^2+4^2+4^2+4^2}=\frac{3}{8}=\frac{1}{3}+\frac{1}{24}$$

같은 방법으로 선분의 개수를 증가시켜 n개의 선분으로 넓이를 근사하면

$$\frac{\left(\frac{0}{n}\right)^2+\left(\frac{1}{n}\right)^2+\cdots+\left(\frac{n}{n}\right)^2}{1+1+\cdots+1}=\frac{0^2+1^2+\cdots+n^2}{n^2+n^2+\cdots+n^2}=\frac{2n+1}{6n}=\frac{1}{3}+\frac{1}{6n}$$

이 되므로 $\frac{1}{3}$에 다가감을 알 수 있다. 실제로 $\int_0^1 x^2dx=\frac{1}{3}$과 일치한다.

2) Archimedes의 구적법

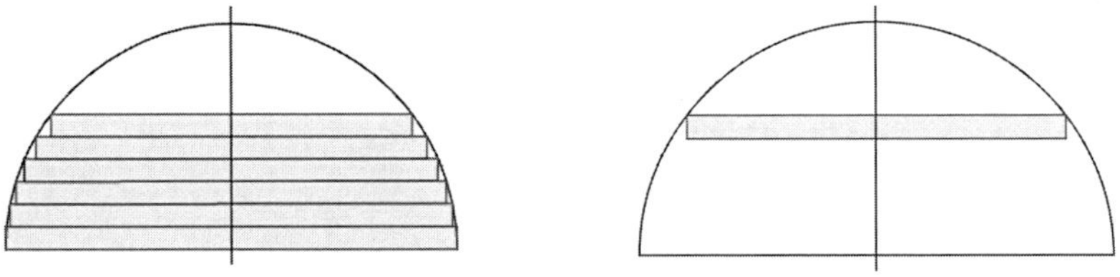

[그림 9.26] 밑에서 i번 째 원기둥

[그림 9.26]처럼 반지름의 길이가 r인 반구를 n등분해서 얻어진 n개의 입체에 내접하는 직원기둥을 생각하자. n을 크게 하면 할수록, 즉 잘게 자르면 자를수록 입체는 반구에 가까워진다. 각 직원기둥의 반지름의 길이를 아래에서부터 차례로 $r_1, r_2, r_3, \cdots, r_n$이라 하자. 그러면 Pythagoras 정리에 의하여

$$r_1^{\,2} = r^2 - \left(\frac{r}{n}\right)^2,\ r_2^{\,2} = r^2 - \left(\frac{2r}{n}\right)^2, \cdots,\ r_{n-1}^{\,2} = r^2 - \left(\frac{(n-1)r}{n}\right)^2$$

이다. 각 직원기둥의 높이는 $\frac{r}{n}$이므로 부피를 계산하면

$$\pi r_1^{\,2} \cdot \frac{r}{n} = \pi\left\{r^2 - \left(\frac{r}{n}\right)^2\right\} \cdot \frac{r}{n} = \pi r^3\left(\frac{1}{n} - \frac{1}{n^3}\right)$$

$$\pi r_2^{\,2} \cdot \frac{r}{n} = \pi\left\{r^2 - \left(\frac{2r}{n}\right)^2\right\} \cdot \frac{r}{n} = \pi r^3\left(\frac{1}{n} - \frac{2^2}{n^3}\right)$$

$$\vdots$$

$$\pi r_{n-1}^{\,2} \cdot \frac{r}{n} = \pi\left\{r^2 - \left(\frac{(n-1)r}{n}\right)^2\right\} \cdot \frac{r}{n} = \pi r^3\left(\frac{1}{n} - \frac{(n-1)^2}{n^3}\right)$$

이다. 이것을 쌓아올린 입체의 부피의 합은 다음과 같다.

$$\pi r^3 \left\{\left(\frac{1}{n} - \frac{1^2}{n^3}\right) + \left(\frac{1}{n} - \frac{2^2}{n^3}\right) + \cdots + \left(\frac{1}{n} - \frac{(n-1)^2}{n^3}\right)\right\}$$

$$= \pi r^3 \left\{\frac{n-1}{n} - \frac{1^2 + 2^2 + \cdots + (n-1)^2}{n^3}\right\}$$

$$= \pi r^3 \cdot \frac{(n-1)(4n+1)}{6n^2}$$

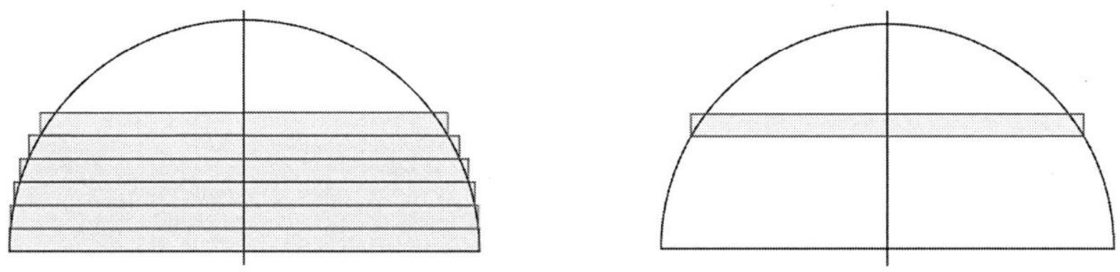

[그림 9.27] 밑에서 i번 째 원기둥

[그림 9.27]처럼 반지름의 길이가 r인 반구를 n등분해서 얻어진 n개의 입체에 외접하는 직원기둥을 생각하자. n을 크게 하면 할수록, 즉 잘게 자르면 자를수록 입체는 반구에 가까워진다. 각 직원기둥의 반지름의 길이를 아래에서부터 차례로 $R_1, R_2, R_3, \cdots, R_n$이라 하자. 그러면 Pythagoras 정리에 의하여

$$R_1^{\,2}=r^2,\; R_2^{\,2}=r^2-\left(\frac{r}{n}\right)^2,\; R_3^{\,2}=r^2-\left(\frac{2r}{n}\right)^2, \cdots ,\; R_n^{\,2}=r^2-\left(\frac{(n-1)r}{n}\right)^2$$

이다. 각 직원기둥의 높이는 $\frac{r}{n}$이므로 부피를 계산하면

$$\pi R_1^{\,2}\cdot\frac{r}{n}=\pi r^2\cdot\frac{r}{n}=\pi r^3\cdot\frac{1}{n}$$

$$\pi R_2^{\,2}\cdot\frac{r}{n}=\pi\left\{r^2-\left(\frac{r}{n}\right)^2\right\}\cdot\frac{r}{n}=\pi r^3\left(\frac{1}{n}-\frac{1}{n^3}\right)$$

$$\pi R_3^{\,2}\cdot\frac{r}{n}=\pi\left\{r^2-\left(\frac{2r}{n}\right)^2\right\}\cdot\frac{r}{n}=\pi r^3\left(\frac{1}{n}-\frac{2^2}{n^3}\right)$$

$$\vdots$$

$$\pi R_n^{\,2}\cdot\frac{r}{n}=\pi\left\{r^2-\left(\frac{(n-1)r}{n}\right)^2\right\}\cdot\frac{r}{n}=\pi r^3\left(\frac{1}{n}-\frac{(n-1)^2}{n^3}\right)$$

이다. 이것을 쌓아올린 입체의 부피의 합은 다음과 같다.

$$\pi r^3\left\{\frac{1}{n}+\left(\frac{1}{n}-\frac{1^2}{n^3}\right)+\left(\frac{1}{n}-\frac{2^2}{n^3}\right)+\cdots+\left(\frac{1}{n}-\frac{(n-1)^2}{n^3}\right)\right\}$$

$$=\pi r^3\left\{\frac{n}{n}-\frac{1^2+2^2+\cdots+(n-1)^2}{n^3}\right\}$$

$$=\pi r^3\cdot\frac{(n+1)(4n-1)}{6n^2}$$

n의 값에 관계없이 [그림 9.26]의 입체는 반구에 포함되고, [그림 9.27]의 입체는 반구를 포함한다. 따라서

$$\pi r^3 \cdot \frac{(n-1)(4n+1)}{6n^2} < \text{반구의 부피} < \pi r^3 \cdot \frac{(n+1)(4n-1)}{6n^2}$$

이다. $n \to \infty$일 때, 반구의 부피는 $\frac{2}{3}\pi r^3$이 된다.

3) 직각기둥(right prism)과 빗각기둥(oblique prism)

평면 α 위의 어떤 다각형의 모양을 평면 α를 지나는 한 선분에 따라 평행이동할 때 만들어지는 입체도형을 **각기둥**이라 한다. 이 때 원래의 평면도형을 그 각기둥의 밑면, 한 선분을 모선(母線)이라 하고, 그 모선에 따라 이동하면서 생긴 면을 그 기둥의 옆면이라 한다. 특히, 각기둥의 모선이 밑면과 수직을 때의 기둥을 **직각기둥**(right prism)이라 하고, 수직이 아니면 **빗각기둥**(oblique prism)이라고 한다. 현행 수학과 교육과정에서는 직각기둥만 취급하므로 간단히 각기둥이라고도 한다. 지금까지 모두 직각기둥이라 적었던 이유가 여기에 있다. 어떤 교재에서는 간단하게 옆면이 모두 직사각형인 각기둥을 직각기둥이라 하고, 옆면이 모두 (직사각형이 아닌) 평행사변형인 각기둥을 빗각기둥이라고 소개하기도 한다. 따라서 직각기둥은 합동인 두 밑면의 대응하는 꼭짓점을 잇는 선분과 밑면이 이루는 각의 크기는 90°이고, 빗각기둥은 각의 크기가 90°가 아니다. 각뿔은 각뿔의 꼭짓점에서 밑면에 내린 수선의 발이 밑면의 중심이 아닐 때, 이 각뿔을 빗각뿔이라고 하고, 직각뿔이 아닌 각뿔이 빗각뿔이다.

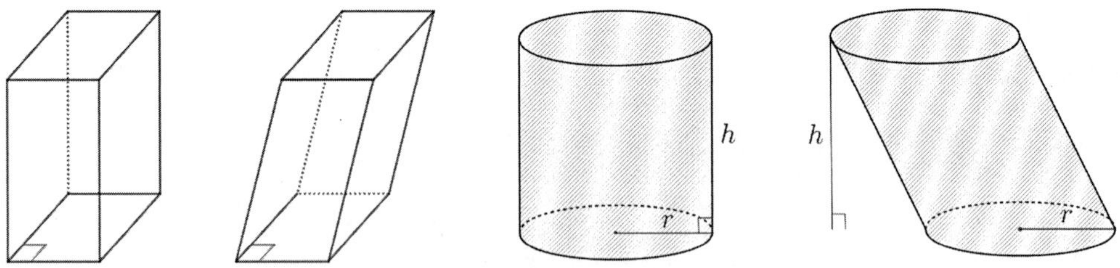

[그림 9.28] 직각기둥과 빗각기둥 및 직원기둥과 빗원기둥

Cavalieri의 원리는 직각기둥과 빗각기둥(직원기둥과 빗원기둥)에도 적용할 수 있다. 즉, 높이가 같고 밑면에 평행인 한 평면에 의해 잘린 두 입체도형의 단면의 넓이의 비가 $a:b$이면 두 입체도형의 부피의 비도 $a:b$이다.

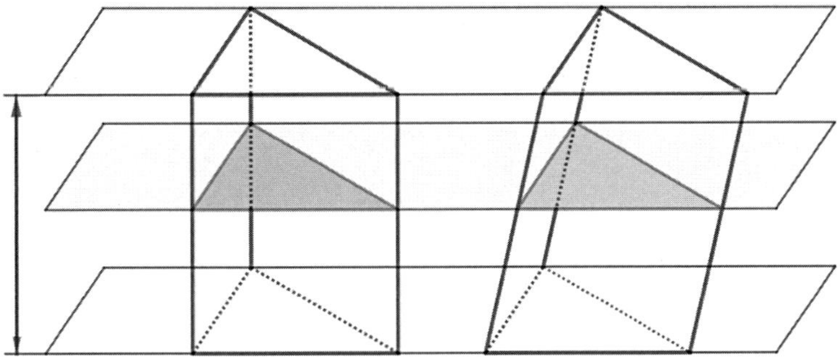

[그림 9.29] 직각기둥과 빗각기둥에 Cavalieri의 원리 적용

[그림 9.30]은 직원기둥과 빗원기둥의 경우, 비형식적이지만, 초등학교에서 자주 사용하는 그림이다. 직관적으로 바로 알 수 있다. 즉, 직원기둥과 빗원기둥의 부피는 같다.

[그림 9.30] 직원기둥과 빗원기둥에 Cavalieri의 원리 적용

Cavalieri의 원리의 장점 중 하나는 빗각기둥의 부피를 결정할 수 있다는 것이다. 두 개의 각기둥(또는 두 개의 원기둥)에서 밑면의 넓이가 같고 높이가 같으면 전체 모양과 관계없이 부피는 $V=Bh$이라는 것이다. 형식적으로는 빗각기둥의 밑면의 넓이를 B, 높이를 h, 모선의 길이를 d 그리고 모선과 밑면이 이루는 각의 크기를 θ라 할 때 빗각기둥의 부피는

$$V = Bh = Bd\sin\theta$$

이다.

▶▶ 연습문제 9

1. 포물선과 현(chord)으로 둘러싸인 영역은 이 영역을 둘러싸고 있는 평행사변형 넓이의 2/3임을 보이시오.

[Hint] [그림 9.31]에서처럼 평행사변형의 한 변은 현 $\overline{AB}$ 이고, 대변은 포물선에 접하는 선분의 일부이다.

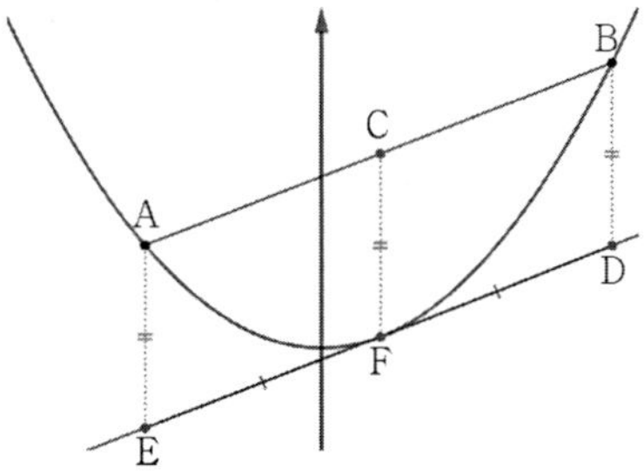

[그림 9.31]

2. [그림 9.32]의 두 입체도형에 Cavalieri 원리를 적용하고 설명하시오.

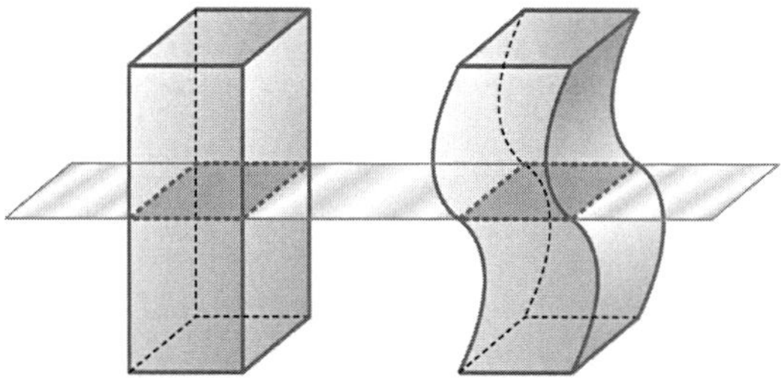

[그림 9.32] 두 입체도형에 Cavalieri의 원리 적용

3. [그림 9.33]에서처럼 한 평면 위의 두 도형은 y축에 평행한 임의의 직선으로 잘랐을 때, 잘려진 선분의 길이가 항상 $m:n$이다. 이 두 도형이 넓이의 비도 $m:n$임을 적분을 사용하여 Cavalieri의 원리가 성립함을 보이시오.

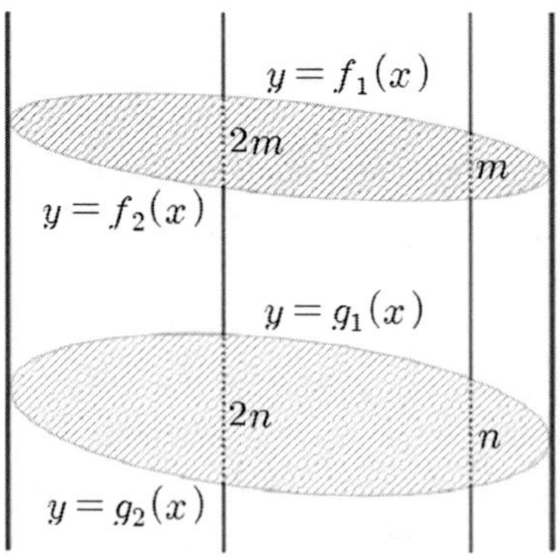

[그림 9.33] 두 평면도형에 Cavalieri의 원리 적용

4. [그림 9.34]에서처럼 타원을 y축 둘레로 회전시켜 만들어진 타원체의 부피를 구하시오.

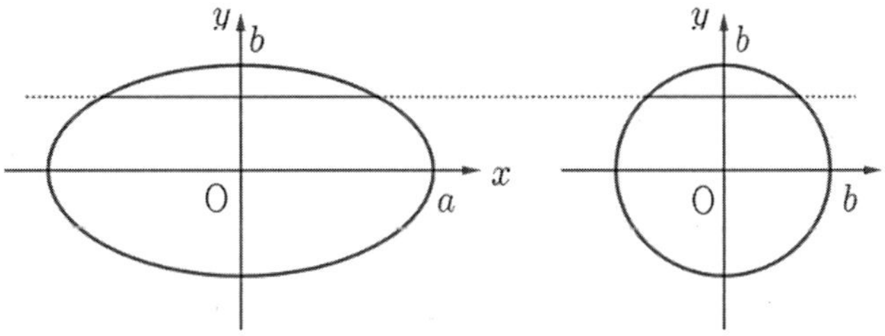

$\frac{x^2}{a^2}+\frac{y^2}{b^2}=1$ $\qquad$ $x^2+y^2=b^2$

[그림 9.34] 타원체에 Cavalieri의 원리 적용

5. [그림 9.35]에서처럼 두 입체도형은 y축에 평행한 임의의 평면으로 잘랐을 때, 두 단면의 넓이의 비가 항상 $m:n$이다. 이 두 도형의 부피의 비도 $m:n$임을 적분을 사용하여 Cavalieri의 원리가 성립함을 보이시오.

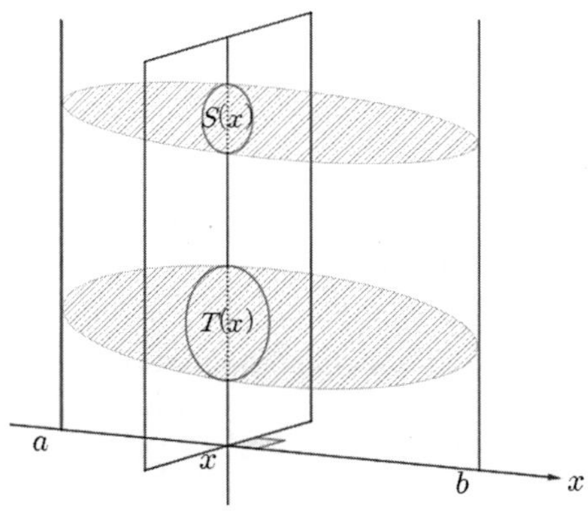

[그림 9.35] 두 입체도형에 Cavalieri의 원리 적용

6. Archimedes의 예상(정리 9.8)을 Cavalieri의 원리를 사용하여 증명하시오.

제 10 강 Tessellation

Tessellation을 온라인 영어사전 'The Merriam Webster Dictionary'에서 찾아보면 라틴어 'tessella'에서 유래되었다고 한다. tessella는 고대 로마시대의 모자이크에 사용되던 작은 정사각형 모양의 돌이나 점토, 유리 조각을 의미한다. Tessellation은 주어진 규칙이나 패턴에 따라 기하학적 도형으로 서로 겹쳐지거나 빈틈이 생기지 않게 완전하게 공간을 채우는 방법을 연구하는 기하학의 일종이다. 직육면체를 쌓아올린 모습을 상상하면 3차원 공간의 tessellation, 쌓아올린 모습의 벽면은 2차원 공간의 tessellation을 보여준다. 초등학교 교과서에서도 이 tessellation에 관한 차시가 몇 곳이 있는데 규칙적인 무늬 만들기, 모양 꾸미기, 모양 만들기 등으로 학습하고 있다. 물론 tessellation이라는 용어는 교사용 지도서에만 등장한다.

3차원 이상의 고차원에서도 tessellation의 연구는 활발히 진행되고 있지만, 이 강에서는 특별히 2차원인 평면에 한정해서 학습하기로 하자. 2차원 Tiling이라고도 부르는 평면의 tessellation은 평면도형으로 서로 겹쳐지거나 빈틈이 생기지 않게 늘어놓아 평면을 완전하게 덮는 것을 말한다. 우리는 생활 주변에서 이를 쉽게 접할 수 있는데, 거리의 보도블록, 욕실의 바닥이나 벽의 타일 등이 바로 그것이다. 사실상 평행이동, 대칭이동, 회전이동 등으로 평면을 분할하는 것으로 볼 수 있다. 따라서 tessellation은 예술적인 아름다움뿐 아니라 합동 개념, 각의 크기 등을 학습할 수 있는 훌륭한 수학적 소재라 할 수 있다.

Pythagorean tiling

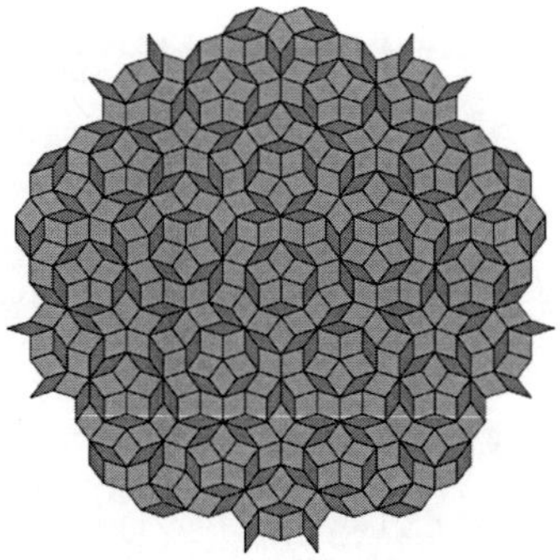
Penrose tiling

[그림 10.1] 보도블록이나 벽지에서 쉽게 찾아 볼 수 있는 tessellation

1. 하나의 도형으로 tessellation

먼저 하나의 도형으로 tessellation을 구성해보도록 하자. 여기서 하나 질문. '하나의 도형'을 정다각형으로 한다면, 정다각형 중에서 tessellation이 가능한 도형은 무엇일까? 직관적으로 생각해도 좋다. 다음으로 넘어가지 말고 조금 만 더 생각해 보자.

이 질문에 대한 정답은 단 3개 정삼각형, 정사각형, 정육각형이다. 다시 말하면 이들로만 겹치지 않고 평면을 빈틈없이 덮을 수 있다는 것이다.

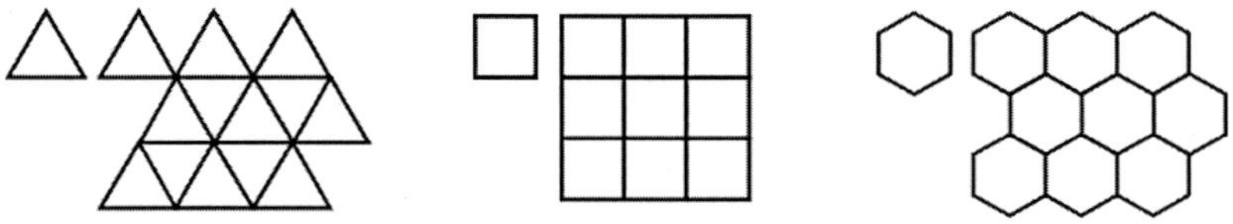

[그림 10.2] tessellation이 가능한 정다각형

정육각형의 tessellation은 우리가 honeycomb라 부르는 벌집이다. 벌들은 정육각형을 이용하면 tessellation이 된다는 것을 알고 있는 듯하다. 그런데 왜 정오각형은 안 될까? [그림 10.2]를 잘 살펴보자. Tessellation이 되는 정다각형들은 하나의 꼭짓점에서 만나고 그 꼭짓점에서 만들어지는 각은 360°가 되어야한다는 것을 알 수 있을 것이다. 정삼각형의 경우 정삼각형의 각 꼭짓점에서 60°인 각이 6개 모여 360°를 만들고 있다. 정사각형은 각 꼭짓점에서 90°인 각이 4개 모여 360°를 만들고 있고, 정육각형은 각 꼭짓점에서 120°인 각이 3개 모여 360°를 만들고 있다. 정오각형은 한 내각의 크기는 108°이므로 하나의 꼭짓점에 3개의 정오각형을 모으면 내각의 크기의 합이 324°가 되어 빈틈이 생긴다. 그렇다고 4개를 모으면 432°가 되어 겹치는 부분이 생긴다. 따라서 정오각형은 tessellation을 만들 수 없다.

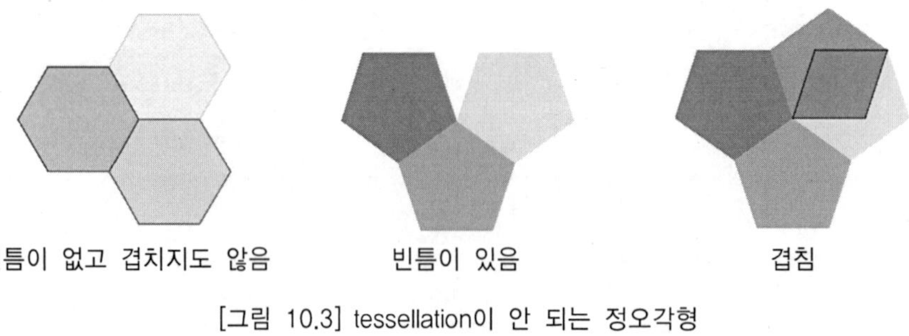

[그림 10.3] tessellation이 안 되는 정오각형

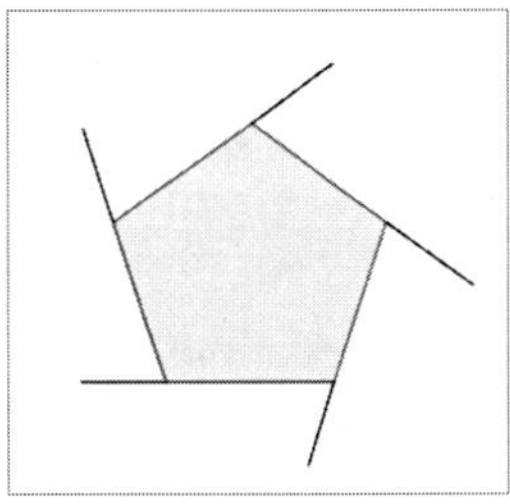

이처럼 정다각형이 tessellation이 될 때 그 내각은 360°의 약수가 되어야 한다. 그렇다면 정칠각형은 어떨까? 내각을 이용한 아이디어를 적용해보자. 정칠각형의 외각의 크기는 $2\pi \div 7 = \frac{2\pi}{7}$이므로 내각의 크기는 $\pi - \frac{2\pi}{7} = \frac{5\pi}{7}$이다. 약 128.6°이다. 따라서 정칠각형도 tessellation을 만들 수 없다.

이와 같은 방법으로 다른 정다각형에 대해서도 확인할 수 있다. 그런데 조금 만 더 생각해보면 정칠각형보다 변이 더 많은 정다각형은 한 외각의 크기가 작아지기 때문에 한 내각의 크기는 더 커진다는 것을 쉽게 알 수 있다. 정칠각형의 한 내각의 크기가 약 128.6°이므로 이 보다 큰 각도 중에 360°의 약수가 되는 각의 크기는 180°뿐이다. 이 경우는 직선을 의미하므로 우리는 정육각형보다 변의 수가 많은 정다각형으로는 tessellation이 되지 않는다는 결론을 내릴 수 있다.

2. 사각형으로 tessellation

앞서 우리는 '하나의 도형'을 정다각형으로 하여 tessellation이 되는지를 생각해보았다. 여기서는 이 '하나의 도형'을 일반적인 사각형을 생각하여 구성해보도록 하자.

먼저 직사각형을 생각하면 쉽게 가능하다는 사실을 알 수 있을 것이다. 정사각형의 경우에서 변의 길이만 달라졌을 뿐이기 때문이다. 마름모, 평행사변형의 경우는 직관적으로 생각하면 tessellation이 가능할 것 같다. 이러한 경우 사다리꼴의 경우를 생각해보면 된다. 만약 사다리꼴의 경우에 tessellation이 가능하다면 당연히 마름모, 평행사변형일 때에도 가능해야만 된다. 임의의 사다리꼴을 의 모양으로 생각해보자. 색 테이프를 사다리꼴 모양으로 자르고 그 다음 뒤집은 모양을 자르고 하는 조작을 생각하면 [그림 10.4]처럼 tessellation이 가능하다.

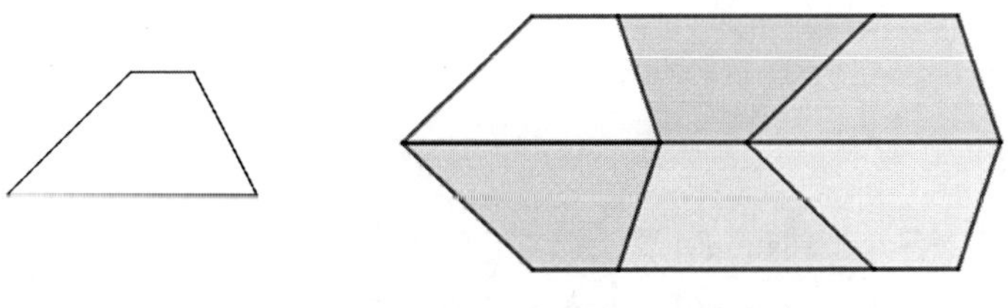

[그림 10.4] 사다리꼴의 tessellation

임의의 사각형을 의 모양으로 생각해보자. 얼핏 보면 이런 사각형으로 될 것 같지 않다. 먼저 사각형의 네 각의 크기의 합이 360°임을 알고 있다. [그림 10.5]에서처럼 네 각의 꼭짓점이 한 점에 모이도록 하면 각의 크기의 합이 360°이다. 따라서 임의의 사각형도 tessellation이 가능하다.

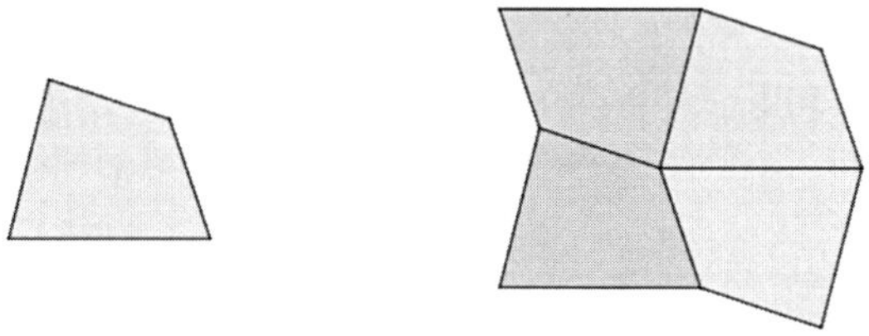

[그림 10.5] 임의의 사각형의 tessellation

마지막으로  와 같은 오목한 사각형은 어떨까? 이런 모양의 사각형으로는 잘 될 것 같지 않은 느낌이 든다. 앞에서의 설명과 마찬가지로 하나의 꼭짓점에서 만나고 그 꼭짓점에서 만들어지는 각은 360°가 되어야한다. 뾰족한 부분이 있어 잘 안될 것 같다. 그런데 아래 [그림 10.6]에서처럼 이 사각형 또한 tessellation이 가능하다.

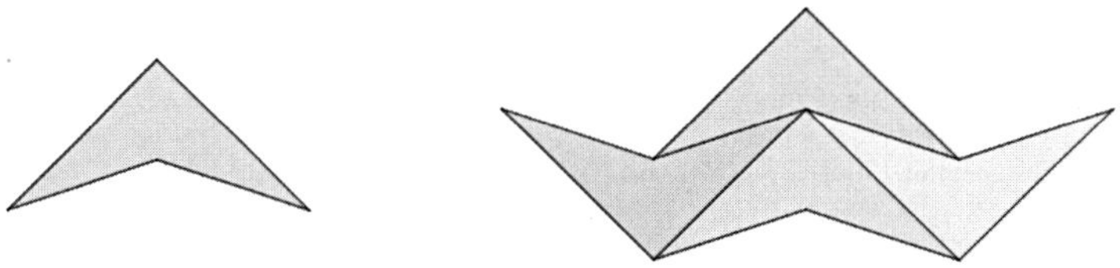

[그림 10.6] 오목한 사각형의 tessellation

지금까지 살펴 본 것에 대하여 결론을 내면 '모든 사각형은 tessellation이 가능하다.'이다. 그러나 '수학적으로'는 tessellation이 가능하지만, '현실적으로'는 [그림 10.6]처럼 끝이 뾰족한 사각형으로 욕실 등에서 tessellation을 하기에는 그다지 이름다워 보이지 않는다. 물론 사람마다 다 다르겠지만.

예제 10.1

1) 임의의 삼각형은 tessellation이 가능한지 알아보자.
2) 임의의 오각형은 tessellation이 가능한지 알아보자.

3. 두 개 이상의 정다각형으로 tessellation

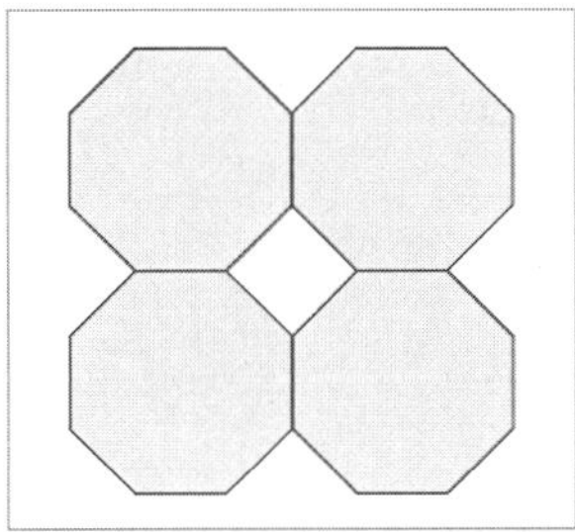

정팔각형이 tessellation이 안 되는 이유를 누군가가 묻는다면 정팔각형의 한 내각의 크기가 135°이기 때문이라고 답하면 된다. 아니면 오른쪽 그림처럼 그려서 빈틈이 생기는 것을 보여주어도 될 것이다. 서로 겹쳐지거나 빈틈이 생기지 않게 완전하게 평면을 채워야하기 때문이다. 그런데 이 틈새의 모양이 정사각형이다. 즉 이 빈틈을 정사각형으로 메우면 tessellation이 된다.

이처럼 두 개 이상의 정다각형으로 tessellation을 만드는 분야도 있다. 그런데 이 경우는 tessellation이 되는 경우가 많아도 너무 많다. 아직 연구가 진행되고 있는 부분도 있다. 따라서 이 교재에서는 Archimedes의 Tiling이라 불리는 간단한 경우만 소개하는 수준에서 그치도록 하자.

Archimedes의 Tiling에는 각자의 이름이 있다. [그림 10.7]은 우리가 학습한 하나의 정다각형으로 구성한 tessellation이다. 이들의 이름을 통해 수학자들이 작명하는 방법에 대해 알아보자. 작명법은 각 꼭짓점에 모이는 정다각형의 변의 개수를 차례대로 적는 것이다.

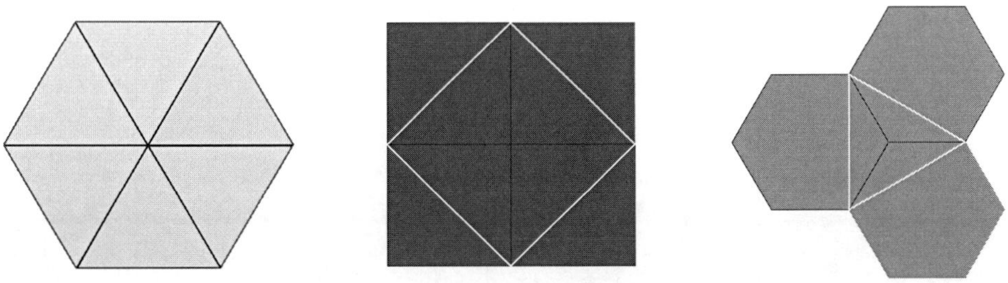

[그림 10.7] 하나의 정다각형으로 만든 Archimedes의 Tiling

정삼각형의 경우 한 꼭짓점에 모이는 정삼각형이 6개이므로 정삼각형의 tessellation 이름은 $(3,3,3,3,3,3)$이다. 동일한 방법으로 생각하면 정사각형의 tessellation은 $(4,4,4,4)$가 그 이름이다. 그러면 정육각형의 tessellation 이름은 무엇일까? 그렇다. $(6,6,6)$이다.

두 개 이상의 정다각형으로 만든 tessellation의 이름도 알아보자. 이 경우에도 수학자들의 작명법은 동일하다. [그림 10.8]을 예로 들어 가운데 정십이각형의 한 꼭짓점에 정육각형과 정사각형이 모여 있다. 오른쪽의 그림을 보면 정다각형의 순서와 구성이 일정하다. 이러한 순서와 구성을 변의 개수로 적으면 된다. 그러므로 [그림 10.8]의 tessellation 이름은 $(4, 6, 12)$이다.

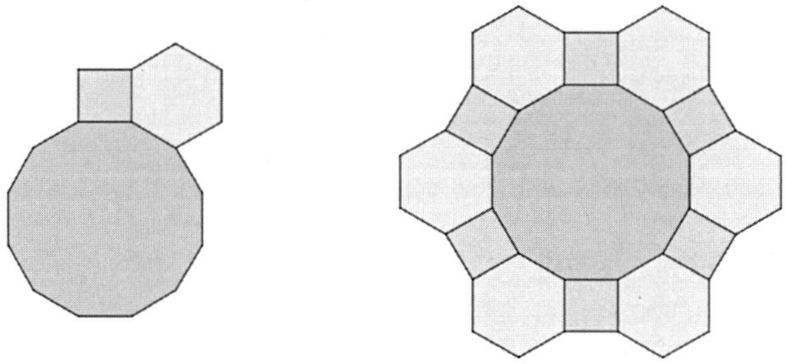

[그림 10.8] 정십이각형, 정육각형, 정사각형으로 만든 tessellation

Archimedes의 Tiling은 [그림 10.7]에서 소개한 3개와 <표 10.9>에서 제시한 8개를 합해 모두 11개이다. 여러분이 초등교사가 되어 두터운 모눈종이를 이용해 '벽지 만들기' 시간을 가져보라. 아이들의 상상력은 종종 우리들의 상상을 초월한다. Archimedes의 Tiling 이외에도 1000개가 넘는 고유한 자기 이름을 가진 tiling이 존재한다. 그 중에 하나를 발견할지도 모른다. 풍성한 평면도형의 감각을 기르게 하는 것은 덤이다.

〈표 10.9〉 2개 이상의 정다각형으로 만든 Archimedes의 Tiling

	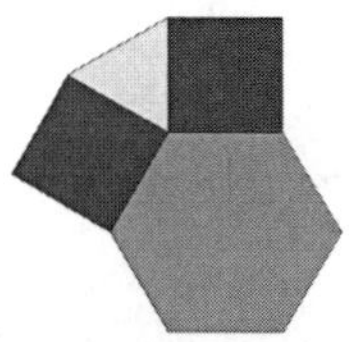	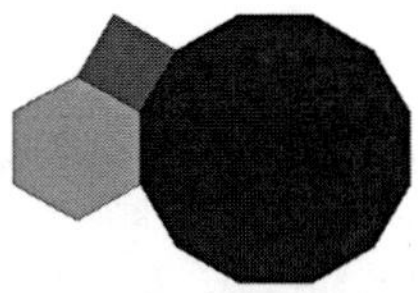	
$(3, 12, 12)$	$(3, 4, 6, 4)$	$(4, 6, 12)$	$(3, 6, 3, 6)$
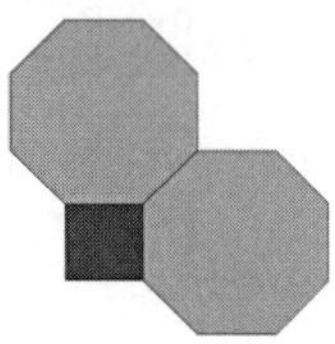	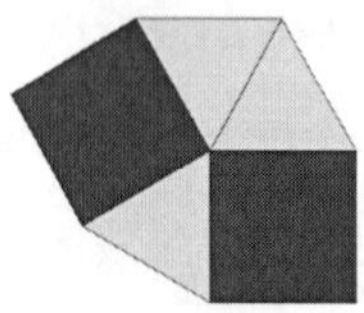	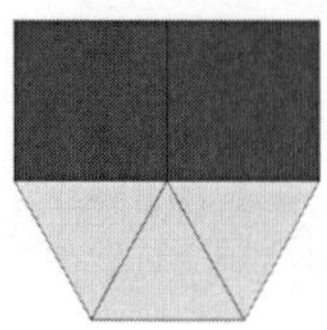	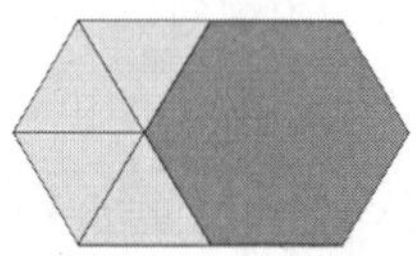
$(4, 8, 8)$	$(3, 3, 4, 3, 4)$	$(3, 3, 3, 4, 4)$	$(3, 3, 3, 3, 6)$

4. Doodle

M. C. Escher

잘 알려진 Spain 남부 Granada에 있는 Alhambra 궁전[23]은 여행자뿐 아니라 수학자들에게도 큰 영감을 제공한 건축물이다. 이 붉은 궁전에 장식된 타일은 수학적 대칭성을 가진 무늬들로 구성되어 있다고 한다. 네덜란드의 화가 Maurits Cornelis Escher(1898-1972)가 1922년에 이 붉은 궁전을 여행하면서 받은 기하학적 대칭성에 대한 감동은 tessellation에 대한 그의 후속 작업에 강력한 영향을 끼쳤다고 전해진다.

[그림 10.10] Alhambra 궁전 [출처 wikipedia]

Escher는 자신의 상상속의 이미지를 기하학적 원리를 바탕으로 표현하였다. 두산백과 사전은 Escher를 다음과 같이 소개하고 있다.

> 1944년 무렵부터 초현실주의적 색채를 띤 그의 작품은 3차원적 구성을 2차원적으로 표현해 사실과 상징, 시각적 환영, 시각과 개념의 관계 등을 다루어 실제경험으로는 모순된 것에 합리적 느낌을 나타냈다. 공간착시와 불가능한 장면의 사실적 묘사, 정다면체를 소재로 한 작품을 만들었으며, 판화작품에서는 수학적 개념이 핵심적 역할을 하였다. 그는 주변에 있는 것을 보이는 대로 그리지 않고 자기의 상상에 기본을 두고 내적 이미지를 표현하였다. 평면의 규칙적인 분할을 바탕으로 한 무한한 공간, 공간 속의 원과 회전체 등이 작품의 중심을 이루었다.

23) 1984년 UNESCO World Heritage Site로 지정되었다. 스페인을 대표하는 기타 작곡가 Francisco Tárrega가 이 붉은 궁전을 접하고 받은 감동을 기타에 옮긴 Alhambra 궁전의 추억(Recuerdos De La Alhambra)은 이 궁전이 자아내는 분위기를 가장 잘 표현한 음악으로 평가받고 있다. 세계적 기타리스트인 박규희씨의 연주는 일품이다.

[그림 10.11]은 1832년 스위스의 Louis A. Necker(1786-1861)에 의해 고안된 것이다.

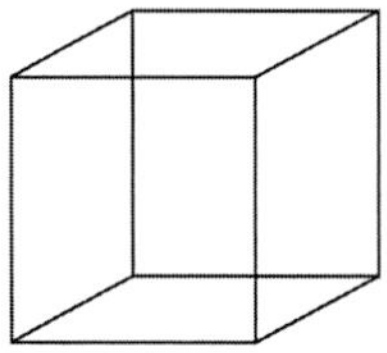

[그림 10.11] Necker Cube

우리가 배웠던, 그리고 우리가 가르칠 겨냥도와는 다르다. 집중해서 아니면 실눈으로 보면 이 Necker Cube는 아마도 2개의 유형으로 보일 것이다. 그렇다. 착시현상! 겨냥도로 그린 [그림 10.12]처럼 말이다.

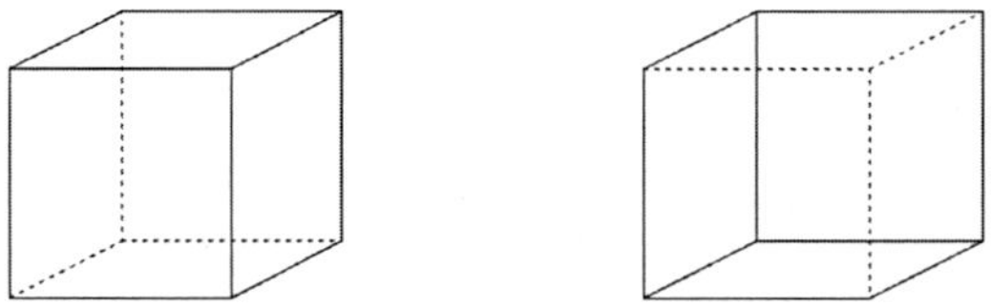

[그림 10.12] 2종류의 겨냥도

한편, [그림 10.13]는 영국의 수학자 Roger Penrose가 1959년에 소개하였다.

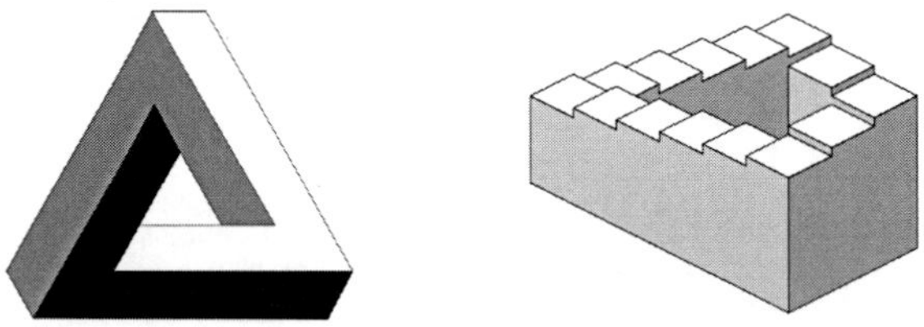

[그림 10.13] Penrose 삼각형과 Penrose 계단

이 그림들에 영감을 받은 Escher는 우리가 어디선가 보았던 유명한 판화 Ascending and Descending(1960)과 Waterfall(1961)을 남기게 된다. 후일담이지만, Escher는 스스로 Penrose의 그림에서 영감을 받았다고 말했으나, Penrose는 1954년 Amsterdam의 학회에서 Escher의 작품을 소개받았는데, 특히 House of Stairs(1951)와 Relativity(1953)를 보고 영감을 받아 이 그림을 고안해 내었다고 말하였다.

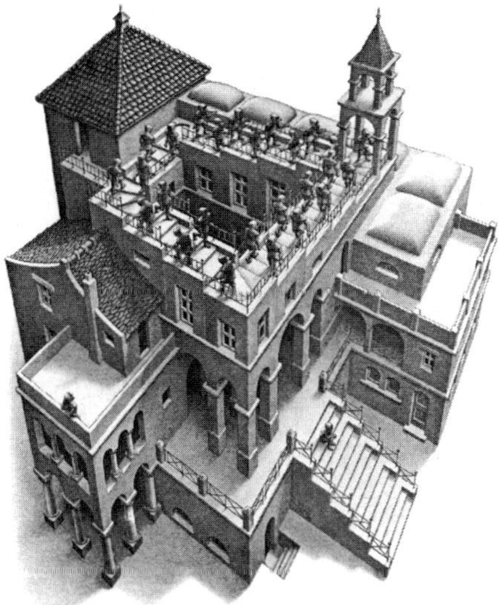 

[그림 10.14] Ascending and Descending(1960)과 Waterfall(1961)

Escher의 작품은 수학적 개념들을 그 만의 아주 독창적 표현으로 시각화하였기 때문에 많은 수학자들을 매료시켰다. 규칙적으로 평면을 분할하는, 즉 tessellation에 대한 업적은 후세의 사람들이 그를 tessellation의 아버지라고 부른다는 사실로 잘 알 수 있다.

오른쪽 그림은 Escher의 1943년 작품인 목판화 Red Ants이다. 한눈에 'Möbius의 띠'임을 알고 개미의 운명도 알 수 있다. 사실 이 doodle의 목적은 다음 목판화에 있다. 계속해서 작아지는 도형들로 나눠지는 원형의 공간이다. 'Heaven and Hell'이라는 부제가 붙은 Circle Limit Ⅳ는 흰 부분을 중심으로 보느냐 검은 부분을 중심으로 보느냐에 따라 느낌이 다르다. Circle Limit Ⅲ은 작은 물고기가 큰 물고기가 되어 저편으로 작아지며 사라진다. 두 그림 모두 중심에서 주변으로 갈수록 도형의 크기가 작아지면서 연속적으로 배열되어 있다. 부분이 전체를 닮은 자기유사성을 갖는 fractal의 아이디어도 찾아볼 수 있다.

Red Ants(1943)

[그림 10.15] Circle Limit Ⅳ(1960)와 Circle Limit Ⅲ(1959)

Escher는 20세기 최고의 기하학자 중 한 명이라 여겨지는 캐나다의 수학자 Harold S. M. Coxeter(1907-2003)의 논문에 실린 [그림 10.16]의 그림을 보고 Circle Limit를 만들었다. 미술을 잘 모르지만 비슷한 느낌이 있다.

[그림 10.16] Coxeter의 그림

Escher는 Circle Limit를 그리기위해 1958년 Coxeter에게 보낸 편지에서 자와 컴퍼스만으로 그린 [그림 10.17]의 도안도 함께 보내어 그에게 수학적인 의견을 묻는다. Coxeter와는 1954년 Amsterdam의 학회에서 Penrose와 함께 알게 된 사이였다. 전문적인 수학을 배우지 않은 Escher가 감탄할만한 수학적인 그림을 그려낸 것을 보면 그의 미술에서의 천재적 능력과 함께 수학에서의 지독히도 고민하고 애쓴 노력들이 곳곳에서 보인다. 이 그림에 보이는 삼각형 비슷한 모양은, 그렇게 생각하지 않겠지만, 삼각형이다. 쌍곡기하학(hyperbolic geometry)이라는 여러분에게는 조금 생소한 기하학의 한 분야이다. 이 기하학에서는 삼각형의 세 내각의 크기의 합은 180°보다 작다.

[그림 10.17]도 자와 컴퍼스로 아무렇게나 원의 일부분을 그린 듯하지만 Poincaré disk model로 불리는 꽤 수준이 높은 쌍곡기하학의 모델이다.

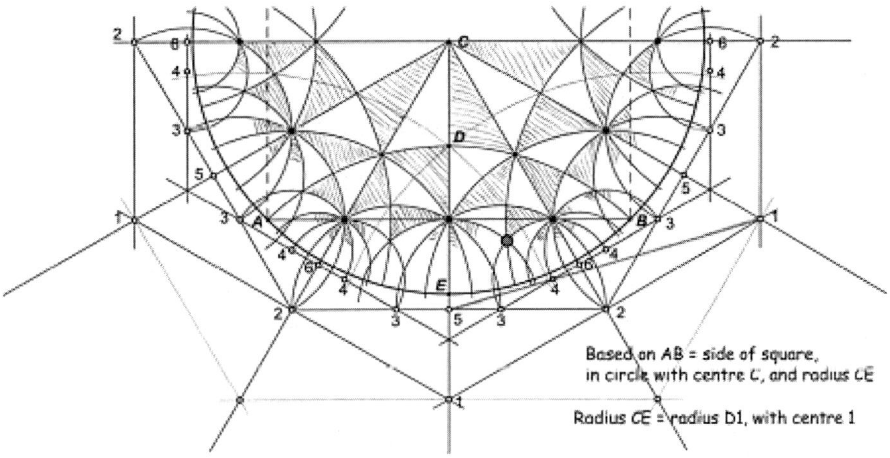

[그림 10.17] Escher가 Coxeter에게 보낸 도안

마지막으로 필자가 아주 좋아하는 글을 소개하면서 이 강을 마치도록 하자. 곧 교사가 되어 학생들을 가르치게 될 여러분들에게, 지금 학생인 여러분들에게 중요하고도 멋진, 그리고 '생각할 거리'를 제공하는 내용이 아닐까? 내용은 '아빠와 함께 수학을'(강석진, 2005)이라는 책에 있다.

…(전략)…

그러므로 수학을 가르치는 사람은 학생의 관심과 발달 단계에 따라 적절한 수준의 재미를 제시해야 한다. 학생의 수준은 생각하지도 않고 지나치게 어려운 내용으로 사람을 겁먹게 만들면서 '이것이 바로 수학의 진수(眞髓)'라고 아무리 떠들어봐야 아무도 알아주지 않는다. 반면에 '눈높이 교육'의 의미를 착각하여 학생의 수준을 끌어올릴 노력은 하지 않고 아이 수준에 머물러 서 있으면서 탱자탱자 노는 것은 그야말로 유치찬란한 일이다.

한편 학생도 스스로 성장해 가면서 새로운 단계의 재미, 새로운 수준의 감동을 찾으려는 '지적 호기심'을 가져야 한다. 그리고 새로운 재미를 맛보기 위해서는 그만큼의 대기를 치러야 한다는 것을 알아야 한다. '수학을 공부하는 재미'는 저절로 얻어지는 것이 아니라 그 재미를 절실히 원하는 사람이 충분한 희생과 헌신을 쏟아 부었을 때 비로소 허락되는 것이기 때문이다.

[그림 10.18]은 볼록한 오각형으로 만들 수 있는 tessellation이다. 지금까지 모두 15가지 형태의 결과만 발표되었다. 16번째는 여러분 또는 여러분들이 가르칠 학생일 수도 있다.

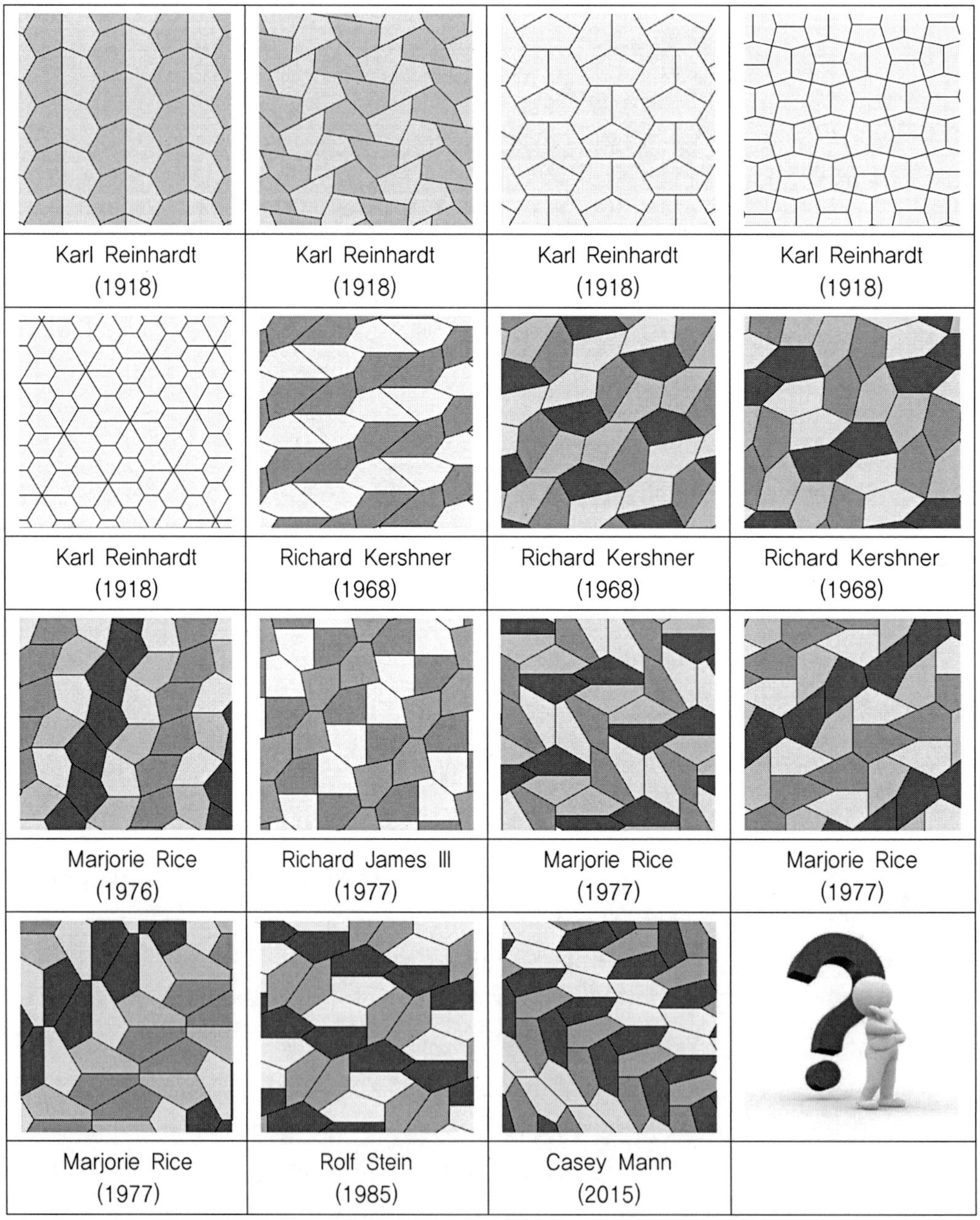

[그림 10.18] 15 type의 Pentagonal tiling(그림 출처 : Wikipedia)

15번째의 그림은 Casey Mann, McLoud-Mann, Jennifer와 David Von Derau 3명의 결과이다. 그들은 컴퓨터 알고리듬을 사용하여 발견하였다.

15가지 중 4가지 결과의 주인공인 Marjorie Rice(1923-2017)는 미국의 아마추어 수학자였다. 이 할머니의 홈페이지(http://sites,google.com/site/intriguingtessellations/home)에서 그녀가 작업한 그림들을 볼 수 있다. 저자가 이 책을 집필할 때에만 하더라도 생존해 계셨는데 얼마 전 홈페이지를 방문했을 때 돌아가셨다는 비보를 접했다. 할머니의 수학에 대한 사랑에 존경과 감사를 전하면서 지면을 빌어 명복을 빈다.

부록 1

해답

▶▶ 제1강

문제 1.13

(1) $(A-B)^c = (A \cap B^c)^c = A^c \cup B$

(2) $A \cap (A \cup B)^c = A \cap (A^c \cap B^c) = (A \cap A^c) \cap B^c = \varnothing \cap B^c = \varnothing$

(3) $(A \cap B) \cup (A \cap B^c) = A \cap (B \cup B^c) = A \cap U = A$

(4) $(A \cup B) \cap (A^c \cup B) = (A \cap A^c) \cup B = \varnothing \cup B = B$

(5) $(A-B)-C = (A \cap B^c) \cap C^c = A \cap (B^c \cap C^c) = A-(B \cup C)$

(6) $A-(B \cup C) = A \cap (B^c \cap C^c) = (A \cap B^c) \cap (A \cap C^c) = (A-B) \cap (A-C)$

(7) $A \cap B \cap (C \cup D) = (A \cap B \cap C) \cup (A \cap B \cap D)$

(8) $(A \cup B \cup C)^c = ((A \cup B) \cup C)^c = (A \cup B)^c \cap C^c = A^c \cap B^c \cap C^c$

(9) $X = A \cap B$, $Y = C \cap D$로 두어 증명하거나 (8)을 이용하면 된다.

연습문제 1

1. ① F ② F ③ F

2. ① T ② F ③ T ④ T ⑤ T

3. ①, ⑤, ⑥

4. ①

5. 6개 $(A \cup B) \cap (A^c \cup B^c) = (A \cup B) \cap (A \cap B)^c = (A \cup B) - (A \cap B)$

6. ① $A = B$ ② U

7. 생략

▶▶ 제2강

문제 2.8

(1)

p	q	$\sim$	$(p$	$\wedge$	$q)$		$\sim p$	$\vee$	$\sim q$
T	T	F	T	T	T		F	F	F
T	F	T	T	F	F		F	T	T
F	T	T	F	F	T		T	T	F
F	F	T	F	F	F		T	T	T
step		4	1	3	1		1	2	1

(2)

p	q	$\sim$	$(p$	$\vee$	$q)$		$\sim p$	$\wedge$	$\sim q$
T	T	F	T	T	T		F	F	F
T	F	F	T	T	F		F	F	T
F	T	F	F	T	T		T	F	F
F	F	T	F	F	F		T	T	T
step		4	1	3	1		1	2	1

연습문제 2

1. ③ **2.** ③

3. F, F **4.** T, F

5. (1)

p	q	p	$\wedge$	$(p$	$\vee$	$q)$	$\leftrightarrow$	p
T	T	T	T	T	T	T	T	T
T	F	T	T	T	T	F	T	T
F	T	F	F	F	T	T	T	F
F	F	F	F	F	F	F	T	F
step		1	3	1	2	1	4	1

(2) (1)과 같은 방법으로 쉽게 증명할 수 있다.

6. (1) 진리표를 이용하여도 되지만 다음과 같이 간단하게 증명할 수 있다.

$$p \to (q \to p) \Leftrightarrow \sim p \vee (\sim q \vee p) \Leftrightarrow (\sim p \vee p) \vee \sim q \Leftrightarrow \mathrm{T} \vee \sim q \Leftrightarrow \mathrm{T}$$

(2)

p	q	r	$(p \to q)$	$\to$	$\{(q \to r)$	$\to$	$(p \to r)\}$
T	T	T	T	T	T	T	T
T	T	F	T	T	F	T	F
T	F	T	F	T	T	T	T
T	F	F	F	T	T	F	F
F	T	T	T	T	T	T	T
F	T	F	T	T	F	T	T
F	F	T	T	T	T	T	T
F	F	F	T	T	T	T	T
step			1	5	2	4	3

7. (1) $\sim(x - 0 \wedge y = 0) \Leftrightarrow \sim(x = 0) \vee \sim(y - 0) \Leftrightarrow (x \neq 0) \vee (y \neq 0)$이나.

따라서 $x \neq 0$이거나 $y \neq 0$.

(2) 같은 방법으로 $x \neq 0$이고 $y \neq 0$.

(3) 같은 방법으로 $a \leq 0$ 이거나 $b^2 - 4ac \geq 0$ (단, $a, b, c \in \mathbb{R}$).

(4) 같은 방법으로 $x \leq 2$ 이고 $y > 2$.

8. $$(f = 0) \wedge (g_1 g_2 = 0) \Leftrightarrow (f = 0) \wedge (g_1 = 0 \vee g_2 = 0) \\ \Leftrightarrow (f = 0 \wedge g_1 = 0) \vee (f = 0 \wedge g_2 = 0)$$

9. $$\frac{f(x)}{g(x)} > 0 \Leftrightarrow [(f(x) > 0) \wedge (g(x) > 0)] \vee [(f(x) < 0) \wedge (g(x) < 0)] \\ \Leftrightarrow f(x)g(x) > 0$$

이므로 참이다.

▶▶ 제3강

연습문제 3

1. ④

2. $p \to (p \wedge q)$

3. F, T, F

4. $\{x \mid 6 < x < 9\}$

5. T, F, T, T

6. (1) $\forall x \in \mathbb{R},\ x > 3 \rightarrow x^2 > 9$

(2) $\exists x \in \mathbb{R},\ x^3 + 1 = 0.$

7. (1) $\forall x,\ (\sim p(x) \vee \sim q(x))$

(2) $\exists x,\ [(x > 3) \wedge (x^2 \leq 9)]$

8. 충분, 필요, 필요, 충분

9. $D(f)$, $C(f)$를 각각 다음과 같은 명제함수라 하자.

$D(f)$: 함수 $f(x)$는 미분가능인 함수이다.

$C(f)$: 함수 $f(x)$는 연속 함수이다.

(1) '모든 함수 $f(x)$에 대하여 f가 미분가능인 함수이면 f는 연속 함수이다.'이므로 $\forall f,\ (D(f) \rightarrow C(f))$로 나타낼 수 있다. 따라서 이 전칭명제의 부정은 $\exists f,\ (D(f) \wedge \sim C(f))$이다. 즉, '미분가능이고 연속이 아닌 함수 f가 존재한다.'가 된다.

(2) '연속이고 미분가능하지 않는 함수 $f(x)$가 존재한다.'이므로 이 명제함수를 기호로 나타내면 $\exists f,\ (C(f) \wedge \sim D(f))$이다. 따라서 이 존재명제의 부정은 $\forall f,\ (C(f) \rightarrow D(f))$이다. 즉, '함수 f가 연속 함수이면 미분가능인 함수이다.'가 된다.

▶▶ 제4강

문제 4.3 (1) 2 (2) 3 (3) 1

문제 4.6 $f(x) = 2x^2 - 5x + 2$

문제 4.7 $\dfrac{2\sqrt{10} - 1}{9}$

문제 4.9 (1) $a > 1$일 때 0, $a = 1$일 때 $\dfrac{1}{2}$, $0 < a < 1$일 때 1.

(2) 0

(3) ∞

(4) $-\infty$

▶▶ 제5강

문제 5.8

i) $n=1$일 때, (좌변) $=\frac{d}{dx}x=1$, (우변) $=1\cdot x^0=1$이므로 성립한다.

ii) $n=k$일 때 성립한다고 가정하면, 즉 $\frac{d}{dx}x^k=kx^{k-1}$이다. 따라서

$$\frac{d}{dx}x^{k+1}=\frac{d}{dx}(x^k\cdot x)=\left(\frac{d}{dx}x^k\right)x+x^k\left(\frac{d}{dx}x\right)$$
$$=kx^{k-1}\cdot x+x^k\cdot 1=(k+1)x^k$$
$$=(k+1)x^{(k+1)-1}$$

이므로 $n=k+1$일 때도 성립한다.

그러므로 i)과 ii)에 의해 모든 자연수 n에 대하여 $\frac{d}{dx}x^n=nx^{n-1}$이 성립한다.

연습문제 5

1. $(p-q)f'(a)$

2. $4(f(2)-f'(2))$

3. $a=6,\ b=-2.$

$g(x)=x^2+1,\ h(x)=\frac{ax+b}{x+1}$라 하면 $g'(x)=2x,\ h'(x)=\frac{a-b}{(x+1)^2}$이다.

$x=1$에서 미분가능하므로 $g(1)=h(1)$이고 $g'(1)=h'(1)$이다.

4. $\left(1,\ \frac{3}{2}\right)$

5. $k\geq\frac{4}{3}$

6. **(1)** $r>0$의 경우 : $r\in\mathbb{Q}$이므로 $r=\frac{q}{p}$로 두자. 단, p, q는 정수이다. 그러므로

$y=x^r\Leftrightarrow y^p=x^q$이다. 이를 x에 관하여 미분하면, 정리 5.10에 의하여

$$\frac{d}{dy}y^p \cdot \frac{dy}{dx} = \frac{d}{dx}x^q \Rightarrow py^{p-1}\frac{dy}{dx} = qx^{q-1}$$

이므로 $\frac{dy}{dx} = \frac{qx^{q-1}}{py^{p-1}} = \frac{q}{p}x^{\frac{q}{p}-1} = rx^{r-1}$이다.

(2) $r > 0$의 경우 : $r = -t$라 하면 $y = \frac{1}{x^t}$이므로, 1)에 의하여

$$\frac{dy}{dx} = -\frac{sx^{s-1}}{x^{2s}} = -sx^{-s-1} = rx^{r-1}.$$

7. $f(x) = -x^2 - \frac{1}{3}x + \frac{5}{9}$ 또는 $f(x) = 3x^2 - 3x + 1$

8. (1) $y' = 2(2x+1)(x^2-1)^2(8x^2+3x+2)$

(2) $y' = -\frac{6(2x+3)^2(x^2+3x-1)}{(x^2+1)^4}$

9. 계산에 의해서나, 평균값의 정리를 사용해도 된다. 예제 5.14에 의해 포물선은 구간의 중점에서의 접선이 $(-1, f(-1))$과 $(k, f(k))$를 지나는 직선과 평행하다. 따라서 $k = 3$.

10. $\frac{1}{3}$

▶▶ 제6강

연습문제 6

1. (1) $\int (x+1)^3\,dx = \frac{(x+1)^{3+1}}{1 \cdot (3+1)} = \frac{1}{4}(x+1)^4 + C.$

(2) $\frac{1}{15}(3x-2)^5 + C.$

(3) $\frac{1}{4(3-4x)} + C.$

(4) $-\frac{3}{4}(1-2x)^{\frac{2}{3}} + C.$

2. $f(x) = \frac{1}{3}x^3 - 3x^2 + 5x - \frac{7}{3}$, $f(x) = \frac{1}{3}x^3 - 3x^2 + 5x + \frac{25}{3}$.

3. $f(x) = 8x^3 - 9x^2 + 1$.

4. $g(x) = x^3 + 2x^2 - 9x - 4$.

5. **(1)** $\frac{1}{4}$.

(2) $\frac{1}{3}$. $\int_0^2 \left(1 - \frac{x}{2}\right)^5 dx = \frac{1}{32}\int_0^2 (2-x)^5 dx$로 계산.

(3) 6.

6. $\{f(t)\}^2 f'(t) = F'(t)$라 두면

$\lim_{x \to 1} \frac{1}{x-1}\int_1^x F'(t)\,dt = \lim_{x \to 1}\frac{F(x) - F(1)}{x-1} = F'(1) = 4$이다.

7. $f(x) = 3x^2 - 2x + 1$

8. **(1)** $\lim_{n \to \infty}\sum_{k=1}^{n}\left(1 + \frac{2k}{n}\right)\frac{3}{n} = \int_0^3 \left(1 + \frac{2}{3}x\right)dx = 6$

(2) $\lim_{n \to \infty}\sum_{k=1}^{n}\left(1 + \frac{2k}{n}\right)^3 \frac{2}{n} = \int_0^2 (1+x)^3 dx = 20$

9. 곡선과 접선의 교점의 x좌표를 $x = \alpha$(중근), $x = \beta$라 두자.

$ax^3 + bx^2 + cx + d - (mx+n) = a(x-\alpha)^2(x-\beta)$이므로

$$\begin{aligned}
S &= \int_\alpha^\beta |ax^3 + bx^2 + cx + d - (mx+n)|\,dx \\
&= -|a|\int_\alpha^\beta (x-\alpha)^2(x-\beta)\,dx \\
&= -|a|\int_\alpha^\beta (x-\alpha)^2\{(x-\alpha) + (\alpha-\beta)\}\,dx \\
&= -|a|\left\{\int_\alpha^\beta (x-\alpha)^3 dx + (\alpha-\beta)\int_\alpha^\beta (x-\alpha)^2\,dx\right\} \\
&= \frac{|a|(\beta-\alpha)^4}{12}
\end{aligned}$$

10. 곡선과 접선의 교점의 x좌표를 $x=\alpha$(중근), $x=\beta$(중근)라 두자.

$ax^4+bx^3+cx^2+dx+e-(mx+n)=a(x-\alpha)^2(x-\beta)^2$이므로

$$\begin{aligned}\mathrm{S} &= \int_\alpha^\beta |ax^4+bx^3+cx^2+dx+e-(mx+n)|\,dx \\ &= |a|\int_\alpha^\beta (x-\alpha)^2(x-\beta)^2\,dx \\ &= |a|\int_\alpha^\beta \{(x-\beta)+(\beta-\alpha)\}^2(x-\beta)^2\,dx \\ &= -|a|\left\{\int_\alpha^\beta (x-\beta)^4dx+2(\beta-\alpha)\int_\alpha^\beta (x-\beta)^3\,dx+(\beta-\alpha)^2\int_\alpha^\beta (x-\beta)^2\,dx\right\} \\ &= \left|\frac{a(\beta-\alpha)^5}{30}\right|\end{aligned}$$

11. 영역의 넓이는 $\mathrm{A}=2\int_0^1 \sqrt{x}\,dx=2\cdot\left[\frac{2}{3}x^{\frac{3}{2}}\right]_0^1=\frac{4}{3}$이다.

12. 영역의 넓이는 $\mathrm{A}=\int_0^1\left(x+1-\frac{1}{2}x\right)dx=\left[\frac{1}{4}x^2+x\right]_0^1=\frac{5}{4}$이다.

▶▶ 제7강

문제 7.4 $a=b$인 이등변삼각형

문제 7.9 $a=b$인 이등변삼각형 또는 $\mathrm{C}=90°$인 직각삼각형

문제 7.10 $\mathrm{C}=105°$

▶▶ 제8강

연습문제 8

1. 각 변을 $m:n$으로 내분한 점은 다음과 같다.

변 AB의 내분점 : $\left(\dfrac{mx_2+nx_1}{m+n}, \dfrac{my_2+ny_1}{m+n}\right)$

변 BC의 내분점 : $\left(\dfrac{mx_3+nx_2}{m+n}, \dfrac{my_3+ny_2}{m+n}\right)$

변 CA의 내분점 : $\left(\dfrac{mx_1+nx_3}{m+n}, \dfrac{my_1+ny_3}{m+n}\right)$

이 점들을 이용하여 새로운 삼각형의 무게중심을 구하면 다음과 같다.

$$\left(\frac{x_1+x_2+x_3}{3}, \frac{y_1+y_2+y_3}{3}\right)$$

따라서 $\triangle$ABC의 각 변을 $m:n$으로 내분한 점을 이은 삼각형의 무게중심은 $\triangle$ABC의 무게중심은 같다.

2. $\dfrac{69}{10}\pi$

3. $\dfrac{26}{3}\pi$

4. $\dfrac{108}{5}\pi$

5. $\dfrac{43}{15}\pi$

6. $\dfrac{2}{3}\pi$

7. $\dfrac{5}{19}$

8. $\left(\dfrac{11}{17}, -\dfrac{3}{17}\right)$

9. 영역의 넓이는 $A=2\displaystyle\int_0^1 \sqrt{x}\,dx = 2\cdot\left[\frac{2}{3}x^{\frac{3}{2}}\right]_0^1 = \frac{4}{3}$이다.

따라서 $A\,\overline{x} = \displaystyle\int_0^1 2x\sqrt{x}\,dx = \left[\frac{4}{5}x^{\frac{5}{2}}\right]_0^1 = \frac{4}{5}$이므로 $\overline{x} = \dfrac{3}{5}$이다.

그리고 이 영역은 x축에 대하여 대칭이므로 $\overline{y}=0$이다.

그러므로 무게중심의 좌표는 $(\overline{x}, \overline{y}) = \left(\dfrac{3}{5}, 0\right)$이다.

10. 영역의 넓이는 $A=\displaystyle\int_0^1\left(x+1-\frac{1}{2}x\right)dx = \left[\frac{1}{4}x^2+x\right]_0^1 = \frac{5}{4}$이다.

따라서 $A\,\overline{x} = \displaystyle\int_0^1\left(\frac{1}{2}x^2+x\right)dx = \left[\frac{1}{6}x^3+\frac{1}{2}x^2\right]_0^1 = \frac{2}{3}$이므로 $\overline{x} = \dfrac{8}{15}$이다.

$$A\,\bar{y} = \frac{1}{2}\int_0^1 \left\{(x+1)^2 - \left(\frac{1}{2}x\right)^2\right\} dx = \frac{9}{8}$$ 이므로 $\bar{y} = \frac{9}{10}$ 이다.

그러므로 무게중심의 좌표는 $(\bar{x},\ \bar{y}) = \left(\frac{8}{15},\ \frac{9}{10}\right)$ 이다.

▶▶ 제9강

1. [그림 9.31]에서 각 점의 좌표를 잡고 단순 계산으로 쉽게 해결할 수 있다.

2. 전형적인 서술형 문항이다. 입체도형의 Cavalieri 원리를 잘 이해하고 그 내용을 [그림 9.32]의 두 입체도형에 적용하면 된다.

3. 두 곡선 $y = f_1(x)$와 $y = f_2(x)$로 둘러싸인 영역의 넓이를 A라 하고,
두 곡선 $y = g_1(x)$와 $y = g_2(x)$로 둘러싸인 영역의 넓이를 B라 하자.
그리고 각의 곡선들의 교점을 $a,\ b$라 하면

$$\mathrm{A} = \int_a^b (f_1(x) - f_2(x))\,dx$$ 이고, $$\mathrm{B} = \int_a^b (g_1(x) - g_2(x))\,dx$$ 이다.

실수 $x \in [a,\ b]$에 대하여 $f_1(x) - f_2(x) : g_1(x) - g_2(x) = m : n$이므로

$$\mathrm{B} = \int_a^b (g_1(x) - g_2(x))\,dx = \int_a^b \frac{n}{m}(f_1(x) - f_2(x))\,dx = \frac{n}{m}\,\mathrm{A}.$$

그러므로 두 도형이 넓이의 비도 $m : n$이다.

4. [그림 9.34]를 보면 y축과 수직인 평면으로 잘랐을 때 만들어지는 단면의 넓이는 각각 $a^2\left(1 - \frac{t^2}{b^2}\right)\pi$와 $(b^2 - t^2)\pi$이다. 따라서 단면의 넓이의 비는 $\frac{a^2}{b^2}(b^2 - t^2)\pi : (b^2 - t^2)\pi = a^2 : b^2$임을 쉽게 알 수 있다. Cavalieri의 원리에 의해 부피의 비도 $a^2 : b^2$이므로 $a^2 : b^2 = x : \frac{4}{3}\pi b^3$으로부터 y축 둘레로 회전시켜 만들어진 타원체의 부피는 $\frac{4}{3}\pi a^2 b$임을 알 수 있다.

적분을 이용하여 회전체의 부피를 구해보자.

$x,\ y$축 둘레로 회전시켜 만들어진 타원체의 부피를 각각 $V_x,\ V_y$라 하자.

$$V_x = 2\int_0^a \pi y^2\,dx = 2\pi\int_0^a b^2\left(1-\frac{x^2}{a^2}\right)dx = 2b^2\pi\left[x-\frac{x^3}{3a^2}\right]_0^a = \frac{4}{3}ab^2\pi \text{ 이다.}$$

$$V_y = 2\int_0^b \pi x^2\,dy = 2\pi\int_0^b a^2\left(1-\frac{y^2}{b^2}\right)dy = 2a^2\pi\left[y-\frac{y^3}{3a^2}\right]_0^b = \frac{4}{3}a^2b\pi \text{ 이다.}$$

5. 생략

6. 생략

부록 2

찾아보기

강 홍 재

일본 筑波大学 수학연구과 이학박사
일본 愛知教育大学 초빙교수 (2011.12~2012.3)
미국 California State University Sacramento 방문교수
(2014.7~2015.8)
현 진주교육대학교 수학교육과 교수

교대생을 위한 대학 수학 10강

초판발행 2018년 2월 26일

지은이 강홍재
펴낸이 오판근
펴낸곳 (주) 교우
주 소 서울시 동대문구 약령시로 8 교우빌딩 2층 (주)교우
전 화 02-925-2861 / **팩 스** 02-925-2860, **편집부** 02-925-2825
홈페이지&북스토어 www.kyowoo.co.kr / 이메일 kyowoo@kyowoo.co.kr

등 록 1994년 3월 24일 제1994-000013호
ISBN 979-11-251-0218-2 (93410)

(주) 교우는 보다 혁신적이고 참신한 도서를 다양하게 기획하고 있습니다.
책으로 펴내고자 하는 아이디어나 원고는 메일로 보내주세요.
(주) 교우는 전과정을 책임지고 최선을 다하겠습니다.

값 12,000원

교우미디어는 (주) 교우의 Imprint 사입니다.
수학정원·과학정원은 (주) 교우의 새로운 브랜드명입니다.

잘못된 책은 구입하신 서점에서 교환해 드립니다.